비 행 기 ★ 이 야 기
AIRPLANE *story*

비행기 ★ 이야기
AIRPLANE
story

글 이태원

기파랑

목차

1	**신과 악마에게 내준 하늘**	**014**
01	신과 악마의 날개로 가득 찬 고대의 하늘	016
02	인간의 공상비행	020
2	**인력비행시대**	**024**
03	하늘로 가는 첫 걸음, 연 비행	026
04	실패로 끝난 조인들의 인력비행	028
05	레오나르도 다 빈치의 악마의 기계	032
3	**기구비행시대**	**036**
06	공기보다 가벼운 비행장치의 구상	038
07	최초의 유인비행	040
08	기구의 다양한 이용	046
4	**비행선 비행시대**	**050**
09	조종이 가능한 비행선	052
10	비행선의 아버지 체펠린	056
11	비행선 수송의 황금기	060

5 글라이더 비행시대   064

12	항공의 아버지 케일리 경	066
13	릴리엔탈의 글라이더 비행	070
14	동력 비행장치에 도전한 파이오니아들	074
15	라이트에 앞선 동력비행의 도전자들	078

6 동력비행 성공시대   082

16	최초의 동력비행에 성공한 라이트형제	084
17	키티·호크에서의 활공실험	088
18	최초의 동력 비행기 플라이어 1호	092
19	뒤몽의 유럽 최초의 동력비행	094
20	커티스의 동력비행 도전	098
21	항공여명기의 비행기들	102
22	역사에 길이 남을 랭스 비행대회	112

7 비행기 실용화시대   116

| 23 | 제1차 대전과 비행기의 실용화 | 118 |
| 24 | 제1차 대전과 군용기의 발달 | 124 |

8 수송기의 근대화시대 126

25	1920년대의 수송기의 발달	128
26	근대수송기의 탄생	134
27	화려한 비행정 시대	140
28	장거리 항로의 개척	146
29	린드버그의 북대서양 단독 무착륙비행	154

9 비행기 혁신시대 158

30	제2차 대전과 군용기의 발달	160
31	제2차 대전의 대표적 군용기	162
32	제트엔진의 발명과 제트군용기의 개발	168
33	헬리콥터의 개발과 군용화	172

10 군용기의 제트화 초음속화시대 174

34	군용기의 제트화 (1950년대)	176
35	군용기의 초음속화 (60~70년대)	180
36	군용기의 발달 (80년대 이후)	184

11 수송기의 제트화 초음속화시대　　　　188

37　프로펠러 수송기의 전성시대　　　　190

38　제트수송 시대의 개막　　　　194

39　대량수송 시대의 개막　　　　198

40　초음속 수송 시대의 개막　　　　208

12 미래의 항공기　　　　212

41　초거인기 초고속기의 등장　　　　214

42　21세기형의 새로운 수송기　　　　220

　　맺는 말　　　　224

　　항공발달사 연대표　　　　228

　　색인　　　　234

쉽고 재미있게 쓴 비행기 이야기

사람은 날고 싶은 욕심을 타고 났다. 땅위를 걸어 다니는 동물로 태어난 인간은 새처럼 날면서 2차원의 삶의 공간을 3차원으로 넓히고 싶어 한다. 그래서 예로부터 사람들은 날 수 없는 현실을 꿈으로 넘어 보려고 공상의 날개를 펴왔다. 그러나 인간의 꿈은 실현되게 마련이다. 인간은 주어진 한계를 지능으로 이겨내는 무한도전 정신을 가졌기 때문이다. 날아다니는 공상에서 시작해서 기구를 써서 날던 시대, 비행선으로 방향조정이 가능한 시대를 거쳐 동력을 쓰는 항공기시대로 인간이 '날고자 하는 꿈'을 실현해온 역사를 정리해서 내어놓은 것이 이 책이다.

책을 쓴 이태원 선생은 대학 졸업 후 대한항공에서 은퇴할 때까지 평생을 비행기와 더불어 살아온 한국 항공운수의 원조라 할 수 있는 분이다. 국영 대한항공 공사에서 출발하여 대한항공(KAL) 부사장으로 정년퇴임할 때까지 한국 항공운수업의 발전사를 몸으로 쓴 분이다. 더구나 비행기를 사랑하는 분이어서 여가도 모두 비행기에 쏟아 왔다. 항공우표 수집, 사이버 항공박물관 운영(http://www.greatsky.kr), 비행기 사진 수집으로 여가를 바쳤고 《현대 항공수론송론(1990)》, 《현대 항공수송 입문(2010)》 등의 전문 교과서 집필까지 평생을 비행기와 더불어 살아 왔다. 이 모든 것을 정리해서 '하늘을 향한 인류의 끝없는 도전'을 《비행기 이야기》라는 한 권의 책으로 엮어 내어 놓았다.

이 책은 공상비행시대부터 초음속 비행시대까지, 군용기로부터 여객기~수송기까지, 개인 항공기부터 정기항공체제까지 그리고 미래의 항공기까지 항공기의 모든 영역에 걸친 41개의 이야기로 엮어 졌다. 그 점, 항공 발달사의 입문서라고 할 수 있겠다.

이 책은 아주 쉽게, 그리고 재미있게 쓰여져 누구나 전문 지식이 없어도 쉽게 읽을 수 있다. 저자는 어려운 항공과학 지식도 할아버지가 어린 손자에게 얘기하듯 풀어서 설명하고 있다. 비행기에 대한 궁금증은 이 책이 모두 풀어 주리라 믿는다.

항공 여행은 이제 대중교통수단이 되었다. 21세기 전쟁은 그 중심에 항공전력이 자리 잡고 있어 오늘을 살아가는 사람들의 일상 속에 비행기는 하루도 잊고 살 수 없는 생활의 일부가 되었다. 이 책을 읽으면서 매일매일 삶에 즐겁고 유익한 꿈의 날개를 펴보기를 권한다.

2010년 9월 1일

이 상 우 (전 한림대 총장)

하늘정복의 발자취

인간의 하늘정복의 이야기는 인류 최대의 모험담이다. 길고도 험난했던 이 모험은 아득한 옛날, 하늘 높이 떠다니는 흰 구름이나 자유로이 날아다니는 새처럼 하늘을 날고 싶어 했던 인간의 꿈으로부터 시작되었다. 끊임없이 이에 도전한 인간이 그 꿈을 이루기까지에는 수천 년이 걸렸고 수많은 희생이 따랐다. 인간은 제일 먼저 배[01]를 발명하여 강과 바다를 정복했고 이어서 바퀴[02]를 발명하여 대지를 정복했다. 그러나 하늘만은 오랜 동안 정복하지 못했다. 인간이 하늘을 정복하려는 것은 이룰 수 없는 꿈으로 여겨졌다. 그런데도 그 꿈을 저버리지 못한 인간은 처음에는 신이나 천사에게, 나중에는 귀신이나 악마에게 공상의 날개를 주어 신화 속에서 하늘을 날아다니게 했다. 고대의 하늘은 신과 천사와 악마의 날개로 가득 찼다. 그랬던 하늘에 중세에 들어와서 인간이 하늘비행에 직접 도전했다. 처음에는 공상그림이나 공상과학소설 속에서 공상의 날개로 날아다녔다. 나중에는 실제로 날개를 만들어 몸에 달고 인간이 직접 하늘을 날려고 했다. 그러나 모두 실패했다.

---

01) **배** B.C. 5000년에 발명
02) **바퀴** B.C. 3500~3000년경 발명

공상의 날개에서 벗어나 굳게 닫혀 있던 하늘의 문을 연 것은 지금부터 약 230년 전이었다. 18세기 말, 인간은 종이 주머니에 뜨거운 공기를 넣은 열공기기구로 그토록 염원했던 하늘비행의 첫 발을 내디뎠다. 그 이후, 하늘은 공기보다 가벼운 기구, 속도가 느리지만 조종이 가능한 비행선, 그리고 조용히 활공하는 글라이더에 이르기까지 갖가지 비행장치를 개발하여 하늘을 정복해 나갔다. 그러나 바람 부는 대로 떠돌아다니는 기구나 느리게 움직이는 비행선으로 인간이 하늘을 정복했다고 할 수 없었다. 그것은 하늘에 떠있는 데 지나지 않았다. 실제로 비행의 꿈을 이룬 것은 20세기 초에 공기보다 무거운 비행장치로 유인 동력비행에 성공하면서부터였다.

아델의 에올과 프로펠러기
(프랑스 1948)

돌이켜보면 인간은 하늘을 정복하기 위해 두 가지 방법으로 접근했다. 하나는 새를 모방하여 날개를 만들어 몸에 달고 흔들어 하늘을 날려고 했던 '새 파(鳥派)'였다. 그 원조는 15세기 초, 처음으로 하늘비행을 과학적으로 접근한 르네상스 시대의 천재 레오나르도 다 빈치였다. '조인(鳥人)' 혹은 '타워 점퍼(Tower-Jumper)'라고도 불린 새 파 사람들은 날개를 만들어 몸에 달고 높은 탑이나 지붕에서 뛰어 내리면서 날개를 흔들어 날려고 했다. 한 번도 비행에 성공하지 못했다. 인체의 구조가 새를 모방하여 비행하는 데 적합하지 않았기 때문이다.

▲ 스프트닉크(루마니아 1983)

다른 하나는 구름이 하늘에 떠다니는 것처럼 공기보다 가벼운 비행장치로 하늘을 날려고 했던 '구름 파(雲派)'였다. 그들은 18세기에 프랑스의 몽골피에 형제가 열공기기구를 발명하여 인류 최초의 유인비행(human flight)에 성공함으로써 하늘비행의 꿈을 이루었다. 그 뒤, 기구는 비행선으로 발전하여 대서양 횡단비행부터 세계일주비행에 이르기까지 한때 세계의 하늘을 누비고 다녔다. 그러나 비행선 역시 너무 느려서 인간이 꿈꾸었던 하늘비행과는 거리가 멀었다.

실제로 하늘을 정복한 것은 새 파도 구름 파도 아닌 '연 파(鳶派)'였다. 그들은 20세기 초에 라이트 형제가 새와는 전혀 다른 방법 즉 연처럼 움직이지 않은 날개를 이용하여 공기보다 무거운 비행장치로 하늘을 비행하는 데 성공했다. 그 길을 개척한 것이 19세기 초, '항공의 아버지'라고 불리는 영국의 케일리 경이었다. 그는 추진기관과 프로펠러와 고정날개를 이용하면 공기보다 무거운 비행장치로 하늘을 비행할 수 있다는 것에 착안하고 이를 이론적으로 체계화했다. 이것을 실천에 옮긴 것이 독일의 릴리엔탈 형제였다. 그들은 고정날개를 가진 공기보다 무거운 비행장치 글라이더를 개발하여 직접 타고 활공하는 데 성공했다. 이어서 20세기 초, 미국의 라이트 형제가 글라이더에 가벼운 엔진과 프로펠러를 장비한 동력 비행기를 개발하여 비행하는 데 성공했다. 그 후 지금까지 100년이 조금 넘는 짧은 기간에 항공기는 눈부신 진보를 했다. 인간은 새처럼 하늘을 날고 싶어 했던 꿈을 이루었을 뿐만 아니라 새보다 더 빨리, 더 높이, 더 멀리 비행하기에 이르렀다.

▲ 북아프리카의 리비아 사막에서 발견된 동굴화 -하늘에 떠 있는 인간

이렇게 인류는 하늘정복의 꿈을 이루었으나 이에 만족하지 않고 이번에는 신비로 가득 찬 대기권 밖의 우주정복에 나섰다. 1957년, 인간이 정교하게 만든 인공위성이 인류역사상 최초로 지구의 대기권을 벗어나 미지의 우주권으로 뛰어들었다.[03] 그 뒤, 많은 인공위성이 발사되어 지구의 주위를 밤낮으로 돌고 있다.

인간은 달 착륙에도 성공했다. 우주비행기술을 이용하여 우주왕복선(Space Shuttle)과 우주정거장을 만들어 대우주시대를 열기 위해 끊임없이 도전하고 있다.

공상의 날개로 시작한 인간의 하늘정복의 역사는 위대한 도전의 역사였다. 이제 숱한 위험을 무릅쓰고 도전했던 공상비행, 기구, 비행선, 글라이더, 동력 비행기, 제트기, 초음속기에 이르는 길고도 험난했던 인간의 하늘정복의 모험 길을 우리 함께 되돌아보기로 하자.

---

03) **스푸트니크 1호** 1957년 10월 4일, 인류사상 최초의 소련의 인공위성 스푸트니크 1호가 발사에 성공하여 우주시대의 첫발을 내디딤. 230km의 지구궤도를 96분에 한 바퀴 돌았음.

1 신과 악마에게 내준 하늘

항공의 역사는 매우 오래다.

고대 그리스나 로마 신화에도,

고대 인도나 아시리아의 전설에도

하늘을 날고 싶어 했던 인간의

염원이 나타나 있다.

고대 사람들은 하늘은 신만이

사는 신성한 곳이며 하늘을 나는

것은 신들의 특권이라고 생각했다.

그러한 신의 영역에

인간이 발을 들여놓으려는 자체가

신을 모독하는 큰 죄악이었다.

그래서 신화나 전설 속에서는

신이나 천사만이 날개를 지니고

하늘을 날아다녔다.

1943 다이달로스의 비행과 이카로스의 추락 (런던박물관)

01 신과 악마의 날개로 가득 찬 고대의 하늘

사모트라키의 니케조각상
NIKE of Samothrace (Louvre)

신의 영역인 하늘에 도전

항공의 역사는 매우 오래다. 신화시대나 전설시대로 거슬러 올라간다. 고대 그리스나 로마 신화에도, 고대 인도나 아시리아의 전설에도 하늘을 날고 싶어 했던 인간의 염원이 나타나 있다.

고대 사람들은 하늘은 신만이 사는 신성한 곳이며 하늘을 나는 것은 신들의 특권이라고 생각했다. 그러한 신의 영역에 인간이 발을 들여놓으려는 자체가 신을 모독하는 큰 죄악이었다. 그래서 신화나 전설 속에서는 신이나 천사만이 날개를 지니고 하늘을 날아다녔다.

인류역사상 최초로 하늘을 난 것은 고대 중국의 전설의 황제 순(Chinese Emperor Shun : B.C. 2258~2208)04)이었다. B.C. 2250년 무렵, 그가 왕자였을 때 황녀에게 비행술을 배워 하늘을 날아다녔다고 전해진다. 그리스 신화에서도 거대한 날개를 가진 천마 페가수스(Pegasus)05)가 신화적 영웅 벨레로폰(Bellerophōn)06)을 태우고 하늘을 날아다녔다.

---

04) **순** 고대 중국 전설의 다섯 성군(聖君) 즉 소호(少昊), 전욱(顓頊), 제곡(帝嚳), 요(堯), 순(舜)의 하나. 순은 천신(天神)과 지신(地神) 사이에서 태어난 천자(天子).
05) **페가수스** 그리스 신화에 나오는 영웅 세르페우스가 괴물 메두사의 목을 베었을 때 흘러나온 피에서 탄생한 날개달린 천마
06) **벨레로폰** 그리스 신화에 나오는 영웅. 신마 페가수스를 타고 괴물 키마이라를 죽여 공을 세워 왕이 되었으나, 후에 제우스의 노여움을 사서 번개에 맞아 죽음.

고대 로마 신화에서는 날렵한 날개가 달린 샌들을 신고 헬멧을 쓴 신의 사자 **머큐리**(Mercury)07)가 하늘을 날아다녔다. 게르만의 신화에서는 신의 우두머리 **오딘**(Odin)08)이 머리 양쪽에 날개를 달고 여덟 개의 다리를 가진 말을 타고 하늘을 날아다녔다. 그밖에도 아시리아의 날개 달린 수호신 **아슈르**(Ashur)09), 솔로몬왕의 '하늘 수레', 고대 인도의 '하늘 차' 등 신화나 전설 속에 하늘을 날아다닌 이야기가 많이 전해진다. 고대 그리스의 조각으로 날개달린 승리의 여신상이라고 불리는 〈사모트라키의 니케 상(Nike of Samothrace)〉10)은 신들의 하늘비행을 상징하는 대표적 작품이다.

하늘을 나는 젊음의 여신 헤베우표
(프랑스 1957)

---

07) **머큐리** 로마신화에 나오는 상업의 신 메르쿠리우스의 영어이름. 그리스신화의 헤르메스와 같음.
08) **오딘** 북유럽의 신화에 나오는 폭풍·전쟁의 신. Wednesday(수요일)는 오딘의 이름에서 유래됐으며 '오딘의 날'이라는 뜻.
09) **아슈르** 고대 아시리아 신화에 나오는 수호신.
10) **사모트라키의 니케 상** B.C. 2세기 무렵의 작품, 하늘에서 뱃머리에 내려와 서 있는 날개가 달린 승리의 여신 니케를 표현한 조각. 1863년 사모트라키 섬에서 발견된 이 조각은 머리 부분과 양 팔뚝이 없음. 파리 루브르미술관 소장.

신과 악마의 날개로 가득 찬 고대의 하늘 | 017

이카로스와 태양우표
(가봉 공화국 1970)

이카로스와 다이달로스의 하늘비행

신화의 날개 중에서 가장 유명한 것이 그리스 신화에 나오는 '이카로스(Icarus)의 비행 이야기'이다. 아테네의 천재적 기술자였던 **다이달로스**(Daedalus)는 그의 조카 **패러독스**(Paradox)가 톱을 발명하여 명성을 떨치자 이를 질투한 나머지 그를 죽이고 아들 이카로스와 함께 크레테 섬으로 도망갔다. 재능이 뛰어난 그는 그곳에서 사람의 몸에 소의 머리를 가진 괴물 **미노타우로스**(Minotauros)11)를 가두어 두기 위한 미로를 만들어 **미노스**(Minos)왕12)의 환심을 샀다. 그러나 매혹적인 왕비와 사랑에 빠져 왕의 노여움을 산 그는 아들과 함께 감옥에 갇히고 말았다. 여러 궁리 끝에 시실리 섬으로 도망가기로 결심한 다이달로스는 깃털을 모아 만든 날개를 몸에 달고 하늘을 날아 크레타 섬을 탈출했다. 이때 하늘을 날면서 아들 이카로스는 너무 태양 가까이 날아올라가는 바람에 밀랍이 녹아 어깨에 붙어 있던 날개가 떨어져 지중해에 떨어져 죽고 말았다. 이카로스는 전설의 인물이지만, 비행사고로 죽은 인류 최초의 희생자였다. 성공적으로 도망쳐 나폴리 근처에 무사히 내린 다이달로스는 날개를 태양의 신 **아폴론**(Apollon)13)에게 바치고 그곳에서 오래 살았다.

---

11) **미노타우로스** '미노스의 소'라는 뜻. 그리스 신화에서 왕 미노스가 바다의 신 포세이돈의 노여움을 사서 왕비가 낳은 괴물.
12) **미노스** 그리스 신화에 나오는 크레테의 전설적인 왕. 제우스와 에우로파의 아들.
13) **아폴론** 그리스 신화의 태양의 신. 로마신화의 아폴로.

천사의 날개와 악마의 날개

하늘비행의 꿈을 이루지 못한 인간은 처음에는 신이나 천사에게, 나중에는 악마나 마녀들에게까지 공상의 날개를 달아 주어 하늘을 날아다니게 했다. 마녀들은 날개 외에 긴 빗자루나 둥근 접시를 타고 하늘을 날아다녔다. 이처럼 인류는 먼 옛날에 이미 공상의 날개로 하늘을 정복한 것이다. 공상의 날개는 애초부터 천사와 악마의 두 얼굴을 갖고 있었다. 오늘날 평화의 목적으로 사용되는 민간기가 '천사의 날개'라면, 무서운 파괴력을 갖고 인간을 살상하는 무기로 사용되는 군용기는 '악마의 날개'라고 할 수 있다.

⬆ 마녀의 하늘비행을 그린 고야의 판화(스페인 1936)

⬆ 마녀의 하늘비행
-스페인 화가 고야의 판화

신과 악마의 날개로 가득 찬 고대의 하늘 | 019

02 인간의 공상비행

인간도 공상의 날개로 날아다녀

▲ 페르시아의 왕 카이 카오스의 하늘비행

신이나 천사 그리고 악마나 마녀만이 날아다녔던 하늘에 인간도 공상의 날개로 날아다니기 시작했다.
전설에 따르면 B.C. 1500년 무렵 페르시아의 '바보 왕(Foolish King)' **카이 카우스**(King Kai Kawus)가 수십 마리의 비둘기가 끄는 의자에 앉아 하늘 나들이를 했다.
B.C. 852년 무렵에는 켈트족(Kelt)14)의 왕 **블라듀드**(Bladud)15)가 깃털로 만든 옷을 입고 런던 상공을 비행하려다가 실패해 떨어져 죽었다. 4세기에 마케도니아의 **알렉산더 대왕**(Alexander the Great : B.C. 356~323)은 사자의 몸에 독수리의 머리와 날개를 가진 그리스 신화에 나오는 괴물 그리핀(Griffin)을 이용하여 하늘을 날아다녔다. 그밖에도 인간이 비행했다는 많은 전설이 전해진다.

---

14) **켈트족** B.C. 1세기까지 영국을 비롯하여 북유럽 일대를 지배했던 민족
15) **블라듀드** 섹스피어의 희곡 '리어 왕(King Lear)'의 배경이 된 전설에 나오는 레어 왕(King Leir)의 아버지

비행시대의 도래를 예언한 노스트라다무스

중세에 과학과 천문학이 발달하면서 인간의 사고에도 큰 변화를 가져왔다. 항공분야도 신화나 전설의 비행시대에서 벗어나 과학적인 이론이나 기초에 근거를 둔 인간 중심의 '공상비행시대'가 열렸다. 1250년에 영국의 프란시스코 수도회의 수도사이며 근대과학의 선구자인 **로저 베이컨**(Roger Bacon : 1214~1294)은 그의 저서 《과학적 근대철학》에서 '인간은 먼 훗날 날개 달린 기계를 만들어 새처럼 하늘을 자유롭게 날아다닐 것'이라고 인간비행시대의 도래를 예언했다. 종교가 과학을 제압했던 시대에 그의 그러한 예언은 악마의 저주가 깃든 무서운 생각으로 신을 모독하는 것이었다. 그러한 이유로 그의 책은 그가 죽고 300년이 지난 뒤에야 출판되었다.

16세기, 프랑스의 천문학자이며 세기의 예언자인 **노스트라다무스**(Michel Nostradamus : 1503~1566)는 그의 예언서 《모든 세기(Centries)》의 제1권 6편 '좁아지는 세계'에서 장래에 일어날 여러 가지 일들을 예언했다. 그 중에 '화성이 326번째 통과할 때 지구의 남쪽 나라와 북쪽 나라가 두 번 큰 전쟁을 하게 된다. 이때 날개 달린 차가 하늘을 날면서 전쟁의 승패를 결정지을 것이다. 전쟁이 끝난 뒤에는 빠른 속도로 하늘을 날아다니는 비행장치가 발달하여 세계는 좁아질 것이다. 육지에는 인간이 넘치고 사람들은 대륙이나 바다를 넘어 하늘 여행을 하게 될 것이다'라는 예언도 있다.

MICHEL NOSTRADAMUS

판화 알렉산더 대왕의 하늘비행

안데르센이 상상한 항공여행

하늘여행
그린메르스하우젠의 판화 (1964)

17세기에 들어와서 많은 항공 선구자들이 여러 가지 비행 방안을 제시했다. 그 중 영국왕립협회의 과학자 **존 윌킨스**(John Wilkins : 1614~1672)는 인간이 헤엄치는 것보다 배를 이용하면 훨씬 쉽게 물에서 뜰 수 있는 것처럼 몸에 날개를 달고 비행하는 것보다 '비행차'를 만들어 이용하면 훨씬 쉽게 하늘을 비행할 수 있다고 했다. 18세기에는 프랑스의 철학자 **장 자끄 루소**(Jean Jacques Rousseau : 1712~1778)가 그의 저서 《신 다이달로스》에서 공기보다 가벼운 비행장치를 이용하면 비행할 수 있다고 했다. 그는 인간이 하늘을 날기 위해서는 공기보다 가벼운 물체를 이용하면 하늘을 비행할 수 있는 데 이때 물체와 공기 사이에 생기는 무게의 차이만큼 사람이나 화물을 실을 수 있다고 했다. 그는 공기보다 가벼운 비행장치 '공중마차'를 구상했다.

19세기에 덴마크의 유명한 동화 작가 **안데르센**(Hans C. Andersen : 1805~1875)은 그의 동화집 《수천 년 뒤》에서 항공시대가 올 것을 예상하고 장차 전개될 항공여행의 모습을 담았다. 그는 이 작품에서 '승객을 가득 실은 날개 차가 대서양을 횡단 비행하여 유럽대륙에 이르렀다. 처음에는 아일랜드의 해안이 나타났으나 승객들이 자고 있어 아름다운 경치를 보지 못했다. 조금 뒤 영국의 상공에 이르자 승객들은 하늘에서 본 유럽의 아름다운 경치를 볼 수 있었다.'라고 증기의 힘으로 비행하는 '날개 차'를 타고 미국의 젊은이들이 바다를 건너 유럽의 유명한 관광지를 방문하는 장면을 매우 흥미롭게 묘사하고 있다.

비행장치 개발의 밑거름이 된 구상들

몽골피에 이전에 공기보다 가벼운 비행장치인 '진공비행선'을 구상한 이탈리아의 신부 겸 발명가인 **프란체스코 라나 데 테르지**(Francesco Lana de Terzi : 1631~1687), 인간의 근육으로는 비행할 수 있는 충분한 힘을 얻을 수 없고 기계의 힘을 이용해야 비행할 수 있다고 주장한 이탈리아의 **조반니 알폰조 보렐리**(Giovanni Alfonoso Borelli : 1608~1679) 등 중세에 많은 항공 선구자들이 여러 가지 기발한 구상들을 내놓았다. 다만 당시의 항공 선구자들은 인간은 공기보다 가벼운 비행장치로만 비행할 수 있다고 생각했다. 18세기 중엽까지 인간은 하늘비행을 할 수 있다는 가능성만 제시하는 데 그쳤고 실제로 이에 도전한 사람은 없었다. 그런 가운데 점차 인간은 하늘을 비행할 수 있다는 확신을 갖기 시작했다. 인간은 비행할 수 있는 온갖 수단과 방법을 구상하여 이것을 공상과학소설이나 그림으로 나타내어 비행의 꿈을 실현시키려고 했다. 이러한 인간 중심의 공상의 날개가 미래의 비행장치의 개발에 밑거름이 되었다.

프랑스 박빌 후작이 그린 인간 비행의 상상도(1742)

2

인력 비행시대

인간이 하늘을 정복하는 수단으로

제일 먼저 사용한 것이

연(kite)이었다.

연은 하늘을 날지만,

줄로 땅과 연결되어 있어

연 비행(kite flight)은

새처럼 하늘을 날아다니는 것과는

근본적으로 다르다.

그러나 부딪히는 바람으로

생기는 힘,

즉 양력을 이용하여

하늘 높이 뜨는 연은

바람의 성질을 비롯하여

비행의 원리를 가르쳐 주었다.

1678 베스니엘의 인력비행 조각 (프랑스)

03 하늘로 가는 첫 걸음, 연 비행

비행원리를 가르쳐준 연 비행

인간이 하늘을 정복하는 수단으로 제일 먼저 사용한 것이 연(kite)이었다. 연은 하늘을 날지만, 줄로 땅과 연결되어 있어 연 비행(kite flight)은 새처럼 하늘을 날아다니는 것과는 근본적으로 다르다. 그러나 부딪히는 바람으로 생기는 힘, 즉 양력을 이용하여 하늘 높이 뜨는 연은 바람의 성질을 비롯하여 비행의 원리를 인간에게 가르쳐 주었다.

연은 3천년 이상의 오랜 역사를 가졌다. 인류사상 처음으로 연을 만들어 하늘에 띄운 것은 고대 중국으로 처음에는 장난감으로 사용했다. B.C. 500년 무렵, 큰 연에 사람이 타고 하늘로 올라갔고 B.C. 200년 무렵에는 한(漢)나라의 장군 **한신**(韓信)이 연을 날려 하늘에서 적진을 정찰했다는 기록이 남아있다. 13세기에 이르러 인도와 페르시아를 거쳐 유럽으로 건너간 연은 14세기에 유럽에서도 전쟁에서 적진을 정찰하는 데 이용되었다.

우리나라에도 연을 전쟁에 이용했다는 기록이 남아 있다. 고려 말에 최영 장군은 몽골군들이 쳐들어왔을 때 불을 연에 매달아 날려 적의 진지를 불사르고 병사를 매달아 적진에 침입시켜 성을 빼앗은 것으로 전해지고 있다. 또한 조선시대 이순신 장군은 왜군과의 해전에서 신호용으로 연을 사용했다고 한다. 1827년, 영국의 **조지 포콕**(George Pocock)은 연 마차(鳶馬車)를 만들어 사람을 태우고 연이 끄는 힘으로 시속 20마일로 달렸다고 한다.

인류는 연 비행을 통하여 바람을 이용하면 공기보다 무거운 물체도 공중에 뜰 수 있다는 비행의 원리를 알게 되었다. 연이 바

하늘을 날고 있는
제우스의 전령(프랑스 1946)

람을 맞으면 땅과 연결되어 있는 줄에 저항이 생긴다. 이 저항이 바로 공기가 물체를 뜨게 하는 힘인 양력이다. 연의 각도가 일정하게 유지되고 있는 상태에서 연줄을 잡아당기면 양력이 작용하여 바람이 전혀 없는 상태에서도 연은 더 높이 떠올라간다. 19세기 말, 항공역학에 공헌한 영국의 케일리 경이나 활공비행에 성공한 독일의 릴리엔탈 형제 그리고 20세기 초에 인류 최초의 동력비행에 성공한 미국의 라이트 형제도 모두 처음에는 연으로 비행실험을 했다. 새처럼 날개를 움직이지 않더라도 연처럼 바람을 이용하면 공기보다 무거운 물체도 비행할 수 있다는 고정 날개의 원리는 바로 연 비행에서 얻은 것이다. 19세기에 오스트리아의 **로렌스 하그레브**는 상자모양의 연(Box-kite)를 만들었으며 이것이 후에 프랑스의 항공 선구자 산토스 뒤몽이나 보아상 형제의 비행기의 개발에 많은 영향을 주었다. 다만 연 비행은 하늘을 날지만, 줄에 매어있어 인간이 새처럼 자유로이 날고 싶어 했던 하늘비행은 아니었다. 그런데도 연 비행이 항공의 발달에 기여한 공적은 매우 크다.

◀ 연을 이용한 연 마차(1827)

04 실패로 끝난 조인들의 인력비행

새를 모방하여 하늘에 도전한 조인들

하늘을 나는 것은 아름답다. 그리고 멋있다. 그래서 새처럼 인간은 하늘을 날고 싶어 했던 것이다. 연 비행에 이어 인간이 인력만으로 비행할 수 있다고 믿고 하늘에 도전한 것은 조인(Bird-man)들이었다. 이들은 새의 날개를 모방하여 만든 인공날개를 몸에 달고 높은 곳에서 뛰어내리면서 날개를 흔들어 하늘을 비행하려고 했다. '타워 점퍼(Tower-Jumper)'라고도 불린 조인들은 죽음을 각오하고 용감하게 하늘에 도전했다. 그러나 모두 실패로 끝났다.

⬇ 스페인 화가 고야의 판화 인간비행 -공상비행을 테마로 한 중세의 미술 중에서 가장 대표적인 작품

타워점핑을 처음 시도한 것은 아랍제국의 우마이야 왕조(Umayyad Dynasty:756~1031)16)의 연금술사였던 아랍인 **아바스 이븐 피르나스**(Ab bas Ibn Firnas:810~887)였다. 875년에 그는 스페인 코르도바의 높은 언덕에서 새털로 만든 날개를 몸에 달고 새처럼 하늘을 날려고 뛰어내렸으나 그대로 땅에 떨어져 죽고 말았다. 이슬람 세계에서는 그를 '비행기의 아버지'라고 부른다. 바그다드 북쪽에 있는 이븐 피르나스 공항 부근에 그의 기념동상이 서 있다.

1029년, 영국의 말메스버리 수도원의 하늘을 나는 수도사로 유명한 **에일머**(Eilmer)는 젊은 시절에 그리스 신화의 〈이카로스의 비행 이야기〉를 읽었다. 그것을 사실로 믿은 그는 이카로스처럼 인공날개로 수도원의 높은 탑에서 뛰어내려 하늘에서 헤엄치는 것처럼 손과 발을 움직여 날려고 했으나 땅에 떨어져 다리가 부러졌다. 이 기록은 **밀턴**(John Milton:1608~1674)의 《영국사》에 수록되어 있다. 비행에 관심이 컸던. 밀턴은 하늘로부터 추락하여 죽은 천사의 이야기를 그의 유명한 장편 서사시 《실낙원17)(Paradise Lost)》(1667)에 담았다. 그 뒤, 1490년에 뇌른베르크의 시민 **세네치오**(Senecio), 1503년에 이탈리아의 수학자 **단티**(Danti), 1507년에 이탈리아의 **존 다미안**(John Damian), 1536년에 이탈리아의 시계 공인 **보롤리**(Bolori), 1678년에 프랑스의 철물장사 **베스니엘**(Besnier), 1742년에 프랑스의 **박크빌**(De Bacqueville) 후작 등 많은 사람들이 타워점핑을 통해 하늘비행에 도전했으나 모두 실패했다. 대표적으로 베스니엘의 비행을 보면 두 개의 긴 막대기의 앞뒤에 날개를 만들어 달고 그것을 두 어깨에 메고 뒷날개는 다리에 끈으로 연결하여 팔과 다리를 움직여 비행하는 장치를 만들었다. 그는 이 비행장치를 이용하여 높은 곳에서 타워점핑을 시도했으나 역시 실패했다.

고야의 판화 인간비행우표
(스페인 1938)

---

16) **우마이야 왕조** 660년부터 750년까지 존속했던 이슬람화된 스페인 왕조이다. 수도는 현 시리아의 수도인 다마스쿠스, 임시 수도가 스페인의 코르도바.

17) **실낙원** 구약성서를 소재로 아담과 하와의 타락과 낙원추방을 묘사하여 인간의 '원죄'를 주제로 한 서사시(1667)

아무런 역할도 못 한 인공날개

조인들이 실패한 원인은 인력비행을 위해서 얼마나 큰 힘이 필요한지를 알지 못했기 때문이다. 그들은 인체의 구조가 날개를 움직여 비행하는 데 적합하지 않다는 것을 몰랐다. 새의 가슴 근육은 전체 근육이 낼 수 있는 힘의 3분의 2 이상을 날개를 움직여 비행하는 데 쓰인다. 그런데 인간의 경우 비행하는 데 도움을 줄 수 있는 근육은 전체 근육의 10분의 1 밖에 안 된다. 따라서 인간이 새처럼 날개를 흔들어 하늘을 날기에는 근육의 힘이 모자란다. 조인들은 그 사실을 몰랐기 때문에 실패할 수밖에 없었다.

새를 모방하여 날개를 만들어 달고 비행시도한 새 사람

조인들은 높은 언덕이나 탑에서 비행을 시도한 것이 아니라 실제로는 아무런 기능도 할 수 없는 인공날개를 펼친 채로 땅에 뛰어 내린 것이다. 만일 새와 같이 날개를 움직여서 하늘을 비행하려고 하지 않고, 오히려 연의 비행원리를 이용하여 고정 날개와 바람을 이용하여 활공하려 했다면, 오늘날 비행스포츠로 즐기고 있는 행글라이딩처럼 하늘을 활공할 수 있었을 것이다. 몇 세기 동안 조인들은 새를 모방하여 하늘을 비행하려고 했으나 많은 희생자만 냈을 뿐 항공의 발달에 아무런 공헌도 하지 못했다. 조인들은 17세기에 이르러서야 날개치기로는 비행할 수 없으며 새는 크기에 따라 비행방법이 다르다는 것을 알게 되었다. 작은 새는 레오나르도 다 빈치가 구상한 것처럼 날개를 자주 흔들어서 비행하지만, 매처럼 큰 새는 날개를 거의 고정해서 비행한다. 체중이 무거운 새는 날개를 흔들어서 비행하기가 힘들기 때문이다. 몸무게가 10kg 넘는 새는 많지가 않다. 인간의 몸무게 정도가 되면 근본적으로 날개를 흔들어서 비행할 수 없다. 이렇게 볼 때 새를 모방하여 하늘을 날려고 시도한 조인들의 인력비행은 처음부터 실패로 끝날 운명에 있었다.

인력비행 상징우표
(스위스 1923)

05 레오나르도 다 빈치의 악마의 기계

공상의 옷을 벗긴 다 빈치

LEONARDO DA VINCH

조인들은 여러 가지 수단으로 타워점핑을 통해 인력비행 (Human Flight)을 시도했으나 하늘비행에 성공하지 못했다. 그런 가운데 공상비행에서 벗어나 처음으로 하늘비행에 과학적인 접근이 시도된 것은 15세기의 르네상스 시대였다. 이탈리아의 만능천재이며 르네상스 문화의 기수인 **레오나르도 다 빈치**(Leonardo da Vinch : 1452~1519)가 항공발달사에 길이 남을 흔적을 남겼다. 그는 〈최후의 만찬〉, 〈모나리자〉 등 불후의 명화를 남긴 화가로서 명성을 떨쳤지만, 조각가, 과학자, 의학자, 건축가이면서 또한 발명가이기도 했다. 조인들의 타워점핑을 보고 인력비행에 관심을 갖게 된 그는 새처럼 인간도 하늘을 날 수 있다고 생각했다. 그는 비행하는 데 적합하지 않은 몸 구조를 가진 인간이 어떻게 하면 하늘을 비행할 수 있는지를 과학적인 방법으로 접근한 최초의 인물이었다.

1485년, 그는 처음으로 인간의 하늘비행에 대한 연구결과를 발표했다. 그는 '어떤 물체든지 공기를 잘 이용하면 공기가 그 물체에 주는 힘으로 날 수 있다. 이는 마치 새가 날개를 이용하여 하늘을 날고 배가 물 위를 떠가는 것과 똑 같은 원리이다. 인간도 인공의 큰 날개를 이용하여 공기의 저항보다 큰 힘을 만들어 낼 수 있다면, 그 힘으로 새처럼 날 수 있다. 새는 수학적 법칙에 따라 움직이는 기계이며 새의 운동을 인간의 능력으로 구체화시킬 수 있다'고 주장했다.

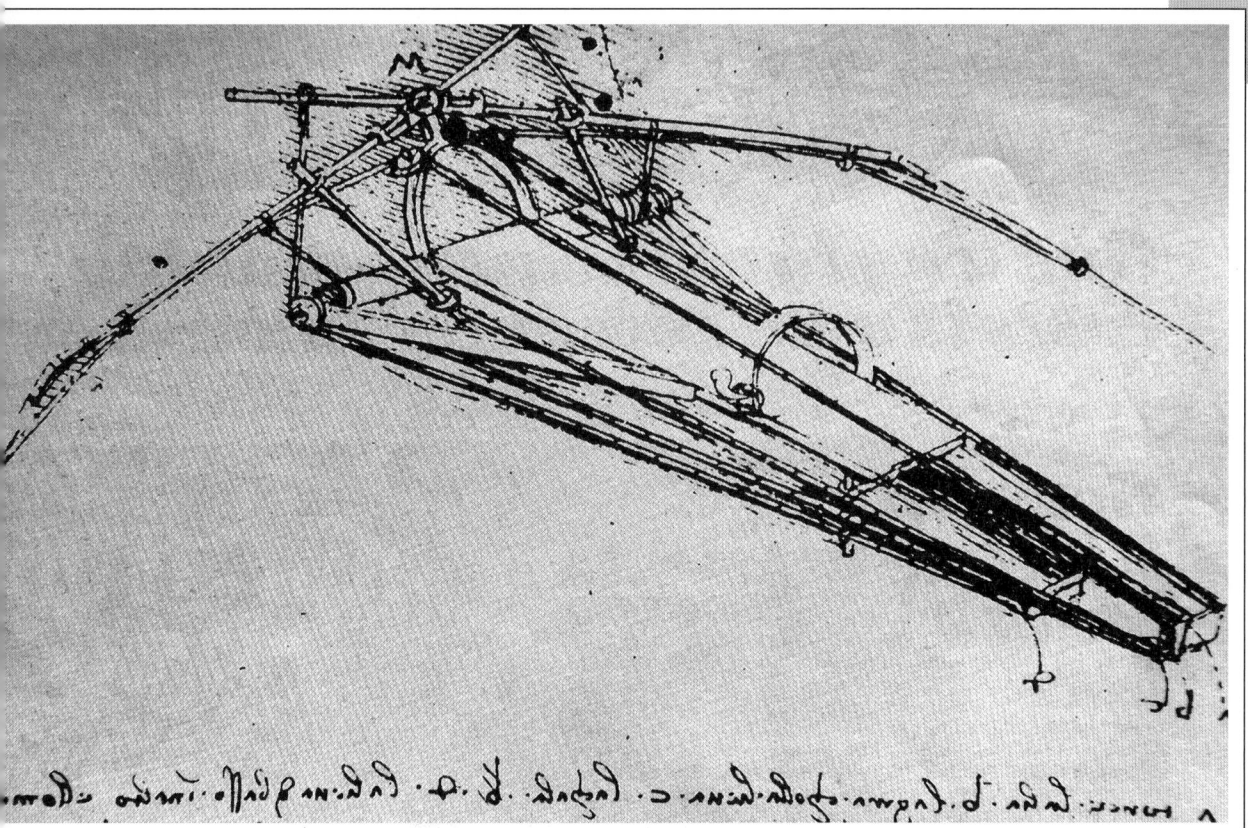

○
다 빈치의 날개치기 비행기 스케치
-엎드린 상태에서
날개를 흔들어 날도록 구상

하늘을 날기 위해서는 공기의 성질과 그 흐름에 대한 정확한 지식을 가져야 한다고 판단한 그는 새를 해부하여 새가 하늘을 나는 힘과 공기 저항과의 관계를 과학적으로 연구했다. 1505년에 그는 그의 논문 〈새의 비행에 대하여〉에서 새의 날개를 분석하여 새의 비상도와 해부도를 남겼다. 이러한 연구를 통해 그는 날개를 움직여 새처럼 바람의 힘을 이용하면 사람도 하늘을 날 수 있다고 확신했다.

그는 날개를 움직여서 하늘을 비행하는 '날개치기 비행장치'와 나사의 원리를 이용하여 수직으로 비행하는 '헬리콥터 비행장치'를 구상하여 스케치로 남겼다. 그러나 그는 비행장치의 모형을 스케치로 남겼을 뿐 만들지는 않았다. 그가 '악마의 기계'의 발명자라는 것이 밝혀지면, 당시에는 종교재판에 회부되어 사형 판결을 받는다는 것을 알고 있었기 때문이다.

다 빈치가 구상한 날틀

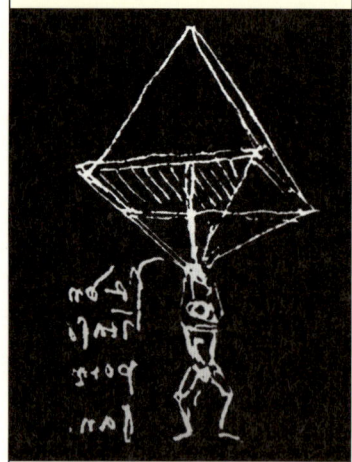

레오나르도 다 빈치가 구상한
피라미드 모양의 낙하산 스케치

레오나르도 다 빈치는 폭 20m의 날개를 움직여서 비행하는 날개치기 비행장치 **오니숍터**(ornithopter)를 구상했다. 조종 장치는 파일럿의 머리에 연결하여 머리를 좌우로 돌려서 조종하도록 하고 3개의 바퀴를 사용하여 이착륙하고 이륙 후에는 바퀴를 접도록 했다. 그는 나선형으로 된 수직 기둥에 달린 회전 날개를 고속으로 돌려서 수직으로 비행하는 **나사 모양의 헬리콥터**(helicopter)를 구상했다. 대부분이 새를 모방하여 비행하려고 하고 있을 때 나사를 돌려서 하늘로 올라가는 헬리콥터를 구상한 것은 매우 독창적이었다. 그 밖에 그는 높은 곳에서 안전하게 내려올 수 있는 **피라미드 모양의 낙하산**(pyramid shaped parachute)도 구상했다. 레오나르도 다 빈치는 새를 모방하는 데 그치지 않고 항공사상 처음으로 새의 비행원리를 관찰하여 과학적으로 분석했다. 그는 자신이 구상한 비행장치의 스케치를 남겼다. 그의 비행장치는 당시로서는 매우 앞선 구상이었으나 비행에 필요한 힘을 인간의 근육에서 얻으려 한 것이 잘못이었다. 그는 하늘을 날고 싶어 한 인간의 꿈을 '공상의 세계'로부터 '기술의 세계'로 전진시킨 항공 선구자였다. 그러나 그의 구상은 항공기의 발달에 아무런 기여도 하지 못한 채 끝났다.

근육의 힘으로 인간은 날 수 없다

레오나르도 다 빈치의 날개치기 비행장치에 대한 고안을 결정적으로 뒤집어 놓은 것이 이탈리아의 생물학자인 **조반니 보렐리**(Giovanni A. Borelli : 1608~1679)였다. 1680년에 그는 새의 비행을 역학적으로 분석하고 인간의 근육과 비행과의 관계를 깊이 연구하여 '인간은 새에 비해 체중이 너무 무겁기 때문에 근육의 힘으로 하늘을 비행할 수 없다'고 레오나르도 다 빈치의 주장을 부정했다.

17세기에 들어와서 과학이 발달하기 시작하면서 인간은 인체구조상 새처럼 날개를 움직여서 비행할 수 없다는 것을 알게 되었다. 그러나 새로운 방법을 찾지 못한 조인들은 여전히 인력비행에 미련을 갖고 여러 가지 시도를 했으나 결국 성공하지 못했다.

⬆ 레오나르도 다 빈치의 헬리콥터 모형(알바니아 1969)

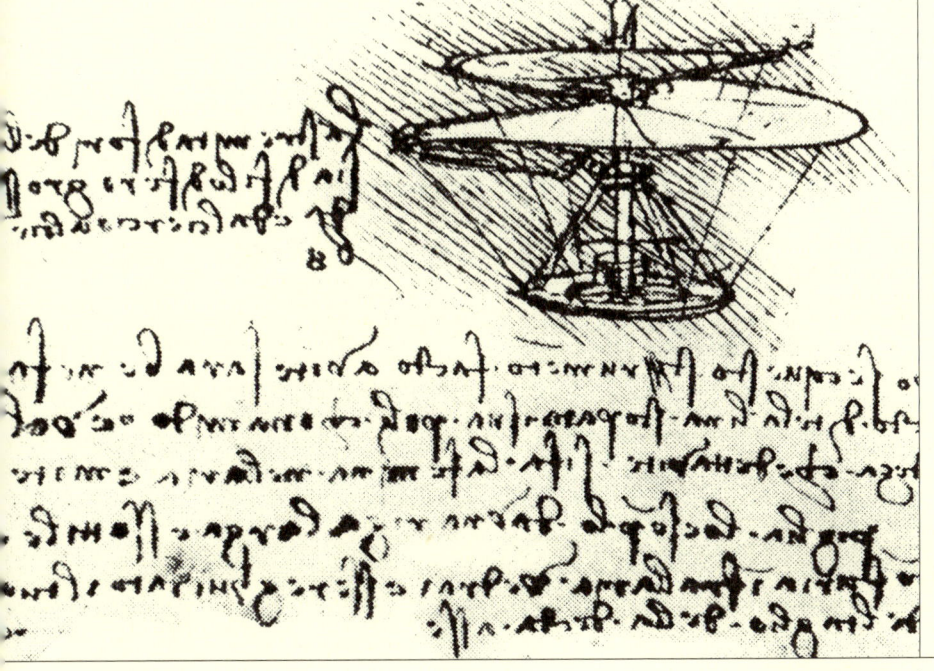

⬅ 레오나르도 다 빈치가 구상한 헬리콥터 모형

3 기구 비행시대

신의 영역으로 여겨졌던 하늘에

인간이 처음으로 발을 들여

놓은 것은 18세기 말에

프랑스의 몽골피에 형제였다.

뜨거운 공기를 넣은

종이 주머니가 하늘로 올라가

굳게 닫혀있던 하늘의 문을 열었다.

레오나르도 다 빈치보다

200년 전인 13세기에 옥스퍼드의

프란체스코 수도원의 수사이며

근대과학의 선구자로 알려져 있는

로저 베이컨은 인간은 비행기계를

만들어 새처럼 자유로이 하늘을

날아다닐 것이라고 예언했다.

AERONAUTICS.

Plate I.

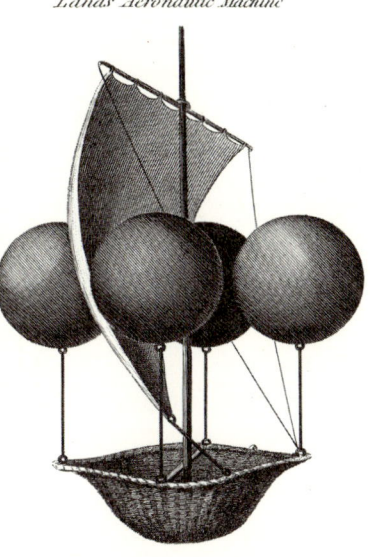
Lanas Aeronautic Machine

Montgolfiers Balloon

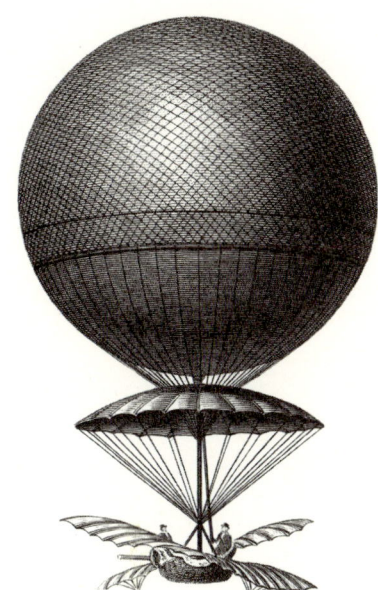
Blanchards Balloon

Garnerin Ascending

Charles & Roberts' Balloon

Garnerin Descending

form of the Wings employed by Lunardi

Fig. 7

form of the Wings employed by Blanchard

1700 18세기에 개발된 기구들

Drawn by Joseph Clement.

Published as the Act directs April 1818, by Rest Fenner, Paternoster Row.

Engraved by A.W. Warren & J. Davis.

06 공기보다 가벼운 비행장치의 구상

기구비행을 구상한 선구자들

신의 영역으로 여겨졌던 하늘에 인간이 처음으로 발을 들여 놓은 것은 18세기 말에 프랑스의 몽골피에 형제였다. 뜨거운 공기를 넣은 종이 주머니가 하늘로 올라가 굳게 닫혀있던 하늘의 문을 열었다. 그런데 몽골피에 형제 이전에 기구비행을 구상한 선구자들이 있었다.

레오나르도 다 빈치보다 200년 전인 13세기에 옥스퍼드의 프란체스코 수도원의 수사이며 근대과학의 선구자로 알려져 있는 **로저 베이컨**(Roger Bacon: 1214~1294)은 인간은 비행기계를 만들어 새처럼 자유로이 하늘을 날아다닐 것이라고 예언했다. 그는 얇은 구리로 만든 공속에 공기보다 가벼운 기체를 넣으면 물 위에 배가 떠다니듯이 하늘을 날 수 있다고 했다.

이탈리아의 가톨릭 신부 **프란체스코 라나 데 테르지**(Francesco de Lana de Terzi: 1631~1687)는 1670년에 발간한 〈신 발명서론〉에서 진공의 구리 공을 이용한 진공기구 '**하늘 배**(Aerial Ship)'를 발표했다. 그는 매우 얇은 구리판으로 직경 6㎝의 구리 공 4개를 만들어 그 속에 있는 공기를 모두 빼내 진공으로 한 다음에 선체를 매달고 하늘로 띄우면 비행할 수 있다는 구상을 발표했다. 그러나 신부였던 그는 인간이 하늘을 비행한다는 것은 신을 모독하는 것이라고 믿었기 때문에 자기의 구상을 실현하려고 하지 않았다. 공기의 압력에 대하여 아무 것도 몰랐던 시대에 그는 처음으로 공기의 부력을 이용한 기구를 구상했고 공기보다 가벼운 비행장치의 기본원리를 밝혔다.

라나가 구상한 공기보다 가벼운 항공기. 하늘을 나는 배의 설계도 (1670)

항공사상 최초의 항공기사 보도

1709년에는 포르투갈의 리스본에 살던 브라질인 신부 **구스망**(Gusma'o : 1685~1724)은 두터운 종이기구를 만들어 국왕 존 5세가 보는 앞에서 하늘로 떠올려 보냈다. 그는 기구 외에도 '**파사로라**(Passarola : 큰 새라는 뜻)'라고 불리는 새 모양의 비행장치를 만들어 실험비행을 한 것으로 기록이 남아있다.

기록에 따르면 1709년 6월에 오스트리아의 수도 빈에서 발행된 신문에 '포르투갈로부터 도착한 비행선'이라는 기사와 함께 기묘한 모양의 비행선 그림이 보도되었다. 항공에 관한 세계 최초의 신문보도였다. 새로 발명된 기구가 리스본에서 출발하여 24시간 걸려서 200마일 떨어진 빈까지 비행해 와서 내렸다는 내용이었다. 이 기사는 그보다 약 3주 전에 오스트리아의 왕궁에 파견된 포르투갈의 특사 구스망이 그가 구상한 파사로라라는 기묘한 새 모양의 비행장치 그림을 왕에게 보여준 것이 마치 사람이 기구를 타고 포르투갈에서 비행해서 온 것으로 잘못 보도되었던 것이다. 이들 외에도 많은 기구에 대한 구상이 있었으나 모두 구상으로 끝나고 말았다.

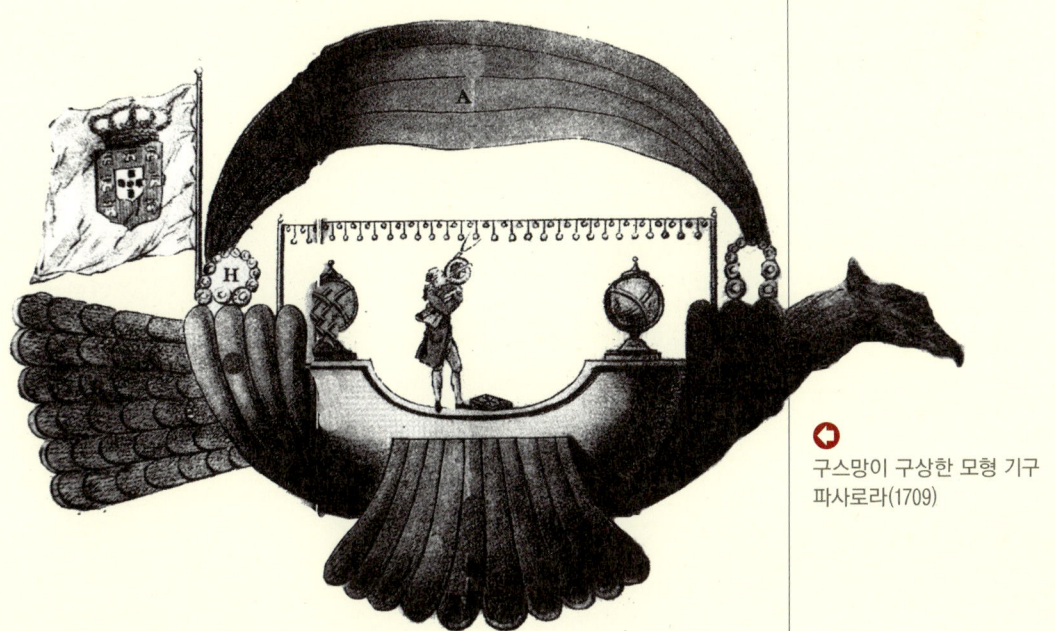

구스망이 구상한 모형 기구 파사로라(1709)

07 최초의 유인비행

몽골피에의 하늘 정복의 첫발

JOSEPH & JACQUES MONTGOLFIER

레오나르도 다빈치 이래 약 300년 동안 하늘에 대한 도전은 타워 점퍼들의 연속된 실패 속에서 항공 선구자들의 여러 가지 구상만 있었을 뿐 실제로는 아무런 진전이 없었다. 오랜 방황 끝에 18세기 말에 이르러서야 비로소 프랑스의 몽골피에 형제가 하늘 정복의 길을 열었다.

남부의 리옹에서 남으로 75km떨어진 작은 마을 아노네에서 제지공장을 운영했던 형 **조셉 몽골피에**(Joseph Michael Montgolfier : 1740~1810)와 건축가였던 동생 **자크 몽골피에**(Jacques Etienne Montgolfier : 1745~1799) 형제가 어느 날 우연히 굴뚝에서 올라가는 연기를 보고 착안한 것이 열공기기구였다. 1783년 4월에 이들 형제는 뜨거운 연기를 종이 주머니에 넣자 천천히 천정으로 떠오르는 것을 발견했다. 이 실험으로 자신을 얻은 몽골피에 형제는 1783년 6월 4일에 아노네의 광장에서 두꺼운 천으로 만든 직경 11m의 열공기기구로 공개 비행실험을 했다. 신기한 눈으로 이 광경을 보고 있는 군중 앞에서 인류역사상 처음으로 인간이 만든 거대한 물체인 열공기기구가 하늘로 떠올라갔다. 1,830m까지 올라간 이 기구는 바람을 따라 떠돌다가 30분 뒤에 1km 떨어진 아노네의 인근 마을에 내렸다.

열공기기구의 비행 소식을 들은 프랑스과학원은 기구의 실험비행을 파리에서 하도록 몽골피에 형제에게 요청했다. 몽골피에 형제는 그 해 9월 19일에 파리의 베르사이유 궁전의 정원에서 열공기기구의 비행을 공개했다. 국왕 루이 16세와 왕비 마리 앙투아네트 그리고 귀족들이 보는 가운데서 양, 오리, 닭 등 동물을 실은 직경 13m의 열공기기구는 고도 550m까지 올라가 8분 동안에 3km를 비행하고 파리 교외에 내렸다. 기구에 태운 동물들은 모두 무사했다. 1961년, 소련의 **가가린**(Gagarin : 1934~1968)이 인류 최초의 우주비행을 하기 4년 전에 개를 태운 인공위성을 시험 발사한 것과 같았다.

몽골피에의 유인비행우표
(르완다 1984)

인류 최초의 유인비행을 한
몽골피에 형제 기구(1783)
-런던 과학박물관

최초의 유인비행 | 041

인류최초의 유인비행

인류 최초의 유인비행은 2개월 뒤에 이루어졌다. 몽골피에 형제가 만든 두꺼운 천으로 부피 2만m³에 무게 45kg의 거대한 열공기기구로 실현되었다. 당초 이 기구에 사형선고를 받은 죄수를 태우려고 했으나 인류사상 최초의 유인비행에 죄수를 태워서는 안 된다는 여론 때문에 포기했다. 그 대신에 최초의 유인 기구에 탑승을 자원한 젊은 귀족 **피라드레 디 로제**(Piladare De Rozier : 1757~1785)와 육군 장교 **마르키스 다를랑드**(Marquis d'Arlandes : 1742~1809)를 태우기로 했다. 1783년 11월 21일 두 사람을 태운 열공기기구는 많은 군중이 지켜보는 가운데 조용히 하늘로 올라갔다. 몽골피에 형제는 인류 최초의 유인비행(first manned flight)에 성공했다. 그리고 로제와 다를랑드는 인류 최초의 비행가가 되었다.

두 사람을 태운 푸른색과 황금색으로 아름답게 채색된 유인기구는 오후 1시 54분에 파리 서부의 불로뉴 숲에서 하늘로 떠오르기 시작했다. 950m 높이까지 올라간 이 기구는 때마침 불어온 바람을 타고 25분 동안에 약 8km를 비행한 뒤 내렸다. 기구가 땅에 내리자 군중들이 몰려와서 로제가 입고 있던 옷을 갈기갈기 찢어서 기념품으로 가져갔다.

현재 아노네에는 몽골피에 형제를 기념하는 작은 오벨리스크와 박물관이 있고 광장에는 몽골피에 형제의 유인비행 100주년을 기념하는 동상이 서 있다. 동상에는 '조셉과 자크 몽골피에 형제에게 마을 사람들로부터, 1783년 6월 5일, 최초의 기구비행을 기념하면서'라고 새겨져 있다.

↑ 항공사상 최초로 인간을 태우고 하늘을 비행한 몽골피에 기구

수소기구의 개발

1783년 6월, 프랑스 과학원은 인류에게 하늘 정복의 길을 열어준 이 마법의 연기 '몽골피에 가스'가 외부 공기에 비해 비중이 2분의 1밖에 안 된다는 사실을 밝혀냈다. 열공기기구가 하늘로 떠올라가는 것은 뜨거운 공기와 일반 공기 사이의 밀도차로 생기는 부력(浮力) 때문이라는 것도 알아냈다. 1766년, 영국의 과학자 **헨리 캐번디시**(Henry Cavendish : 1731~1810)가 발견한 수소가 열공기보다 그 비중이 7배가 더 가볍다는 것을 알고 있던 프랑스 과학원은 수소기구의 개발에 착수했다. 소르본느 대학 교수인 물리학자 **자크 샤를**(Jacques A. C. Charles : 1746~1823)에게 부탁하여 수소 발생 장치를 만들고 **니콜라 로베**(Nicolas L. Robert) 형제에게 부탁하여 고무를 입혀 방수된 두꺼운 천으로 직경 4m의 수소기구 **샤를리엘**(Charlie're hydrogen balloon)를 만들었다. 철 조각에 황산을 약간씩 넣어 만든 수소를 대형 기구에 넣는 데만 3일이 걸렸다.

1783년 8월 27일 새벽 5시, 상 드 마르스훈련장(지금의 에펠탑 광장)에서 이 무인 수소기구는 가볍게 하늘로 떠올라갔다. 약 42분 동안 비행한 뒤에 이 기구는 7,000m 높이에서 대기의 압력으로 파열하여 파리 근처에 있는 마을에 떨어졌다. 마을의 농부들은 유황냄새를 풍기는 시커먼 덩어리가 하늘로부터 떨어지자 비명을 지르며 소동을 피웠다. 이 소식을 듣고 달려온 신부가 악마의 피부라고 부르짖자 농부들은 농기구를 들고 땅에 떨어진 기구에 덤벼들었고 잔해를 말꼬리에 매달아 멀리 떨어진 들판에 내다버리는 소동을 벌였다.

⬇ 최초의 수소기구 샤를이엘호

파리의 튈르리 공원에 '1783년 12월 1일, 가스를 넣은 기구의 최초의 상승을 기념하여, 샤를과 로베에게'라고 새긴 기념비가 있다. 몽골피에 형제가 최초의 유인비행에 성공하고 11일이 지난 1783년 12월, 샤를의 수소기구도 파리의 튈르리 공원(루브르 궁전의 서쪽)에서 샤루르과 로벨(M. N. Roberr)을 태우고 유인비행에 성공했다. 그들은 이 수소기구를 타고 600m 높이로 센 강을 건너 2시간 동안에 44km를 비행한 뒤에 무사히 내렸다. 이 기구에는 긴 시간 비행할 것에 대비하여 외투와 담요뿐 아니라 포도주와 샴페인도 실었다.

하늘에서 떨어진 악마
-하늘에서 떨어진 기구를 악마의 피부로 착각하고 농부들이 농기구로 갈기갈기 찢고 있는 그림

08 기구의 다양한 이용

포위된 파리에서 기구로 탈출한 프랑스군

최초로 기구를 군사목적으로 사용한 것은 프랑스의 **나폴레옹 1세**(Napoleon I:1769~1821)였다. 1794년 6월에 벨기에에서 있었던 플뢰뤼스 전투(Battle of Fleurus)에서 프랑스육군은 유럽 연합군을 정찰하는 데 기구를 이용했다. 1861년 4월에 시작된 미국의 남북 전쟁 때 연방군은 기구 **엔터프라이즈호**(Enterprise)를 이용하여 공중에서 적지에 떨어진 포탄의 위치를 유선전화로 알려주었다. 1870년 7월에 나폴레옹 3세의 프로이센(Preussen)에 대한 선전포고로 시작된 보불 전쟁에서 프랑스군이 각지에서 대패하여 결국 나폴레옹 3세는 항복했다. 그러나 파리에서는 국방정부의 이름으로 제3공화국이 성립하여 9월 18일부터 다음 해 1871년 1월 28일까지 프로이센(독일)군에 완전 포위된 상태에서 항전을 계속했다. 포위를 당한 프랑스군은 자유기구 **넵튠호**(Neptune)에 우편물과 군인을 싣고 파리의 상피엘 광장을 출발하여 탈출했다. 이것이 항공우편의 효시였다.

⬆ 기구로 탈출하는 프랑스군
(튀니지 1955)

⬇ 인류사상 최초의 공중정찰
전투 중 적의 상공에서
정찰비행하고 있는
프랑스군의 기구(1794)

046 | 기구 비행시대

◐ 몽마르트르 언덕 아래 광장에서
탈출을 준비하고 있는 기구

기구를 이용한 프랑스군의 공중탈출을 막기 위해 프로이센군은 처음으로 대공무기를 사용했다. 이 기구탈출 작전은 프랑스군이 항복할 때까지 4개월 동안 계속되었으며 모두 66개의 기구를 띄워 보냈으며 109명의 군인과 250만 통에 11톤의 편지를 수송했다. 그 중에는 당시 내무부장관(후에 수상)이었던 **레옹 강베타**(Gambetta : 1838~1883)와 파리 시장도 포함되어 있었다. 파리 몽마르트 언덕의 사크레쾨르 대성당 아래에 있는 생피에르 광장의 대리석 벽에 강베타의 탈출 기념비가 있다. 이때 기구로 운반된 우편물의 하나가 런던의 영국 박물관에 남아 있다. 영국은 1878년에 군용기구를 제조했으며 1880년에는 최초로 기구부대를 편성하였다.

기구의 다양한 이용 | 047

영불해협 횡단 기구로 뚫린 국경

기구의 군사적 이용으로 끝나지 않고 인류는 기구를 이용한 장거리 비행에 도전했다. 대표적인 것이 모험가인 프랑스의 **쟌 피엘 브란샬**(Jean Pierre Blanchard : 1753~1809)과 미국 보스턴 출신의 의사 **존 제프리스 박사**(Dr. John Jeffries : 1744~1819)였다. 그들은 **브란샬식 기구**(Blanchard Baloon)를 만들어 1785년 1월 7일에 영불해협의 횡단비행에 성공했다.

그들은 영국에서 출발하여 도버해협을 비행하는 도중에 기구에서 가스가 새어 나와 고도가 계속 떨어졌다. 이에 당황한 그들은 입고 있던 옷까지 바다에 버리면서 무게를 줄여 고도를 겨우 유지하여 프랑스의 칼레 부근의 숲속에 무사히 내렸다. 브란샬의 영불해협의 횡단비행은 처음으로 외국인이 하늘로부터 국경을 넘어온 역사적 대사건으로 모든 국가에 큰 충격을 주었다.

한편 1785년 6월 15일에 몽골피에 기구로 세계에서 처음으로 하늘을 비행한 로제는 열공기기구와 수소기구를 결합한 **로제식 기구**를 개발하여 프랑스에서 영불해협의 횡단비행에 도전했으나 영국을 향해 비행하던 도중에 공중에서 폭발하여 죽고 말았다. 로제는 인류 최초 비행과 인류 최초의 기구사고의 희생자가 되었다.

영불해협을 횡단하기 위해 출발하는 수소기구

실패로 끝난 대서양-북극 횡단 기구비행

영 불해협의 횡단비행에 이어 1897년 7월에 스웨덴의 **안드 레**(Saloon A. Andree)는 기구로 북극 정복비행에 나섰다. 그는 2명의 동반자와 함께 노르웨이의 북쪽에 있는 스핏츠버그 섬을 출발했으나 결국 북극 정복은 실패로 끝났다. 그들의 유해와 기구의 잔해는 33년이 지난 1930년에 화이트 섬에서 발견되었다. 1859년 7월에는 미국의 **존 와이즈**(John C. Wise)는 대형 수소기구 **아틀란틱호**로, 그리고 1873년 10월에는 미국의 **도날드손**은 거대한 수소기구 **데일리 그래픽호**로 대서양 횡단비행을 시도했으나 모두 실패했다.

기구에 의한 장거리 비행에 대한 도전은 기구 자체가 하늘을 비행하기에는 구조적으로 불완전했고 조종이 불가능했기 때문에 결국 실패로 끝날 수밖에 없었다. 그러나 이러한 인간의 모험심과 끊임없는 도전은 결국 인간이 하늘을 정복할 수 있는 비행장치를 개발하는 밑거름이 되었다.

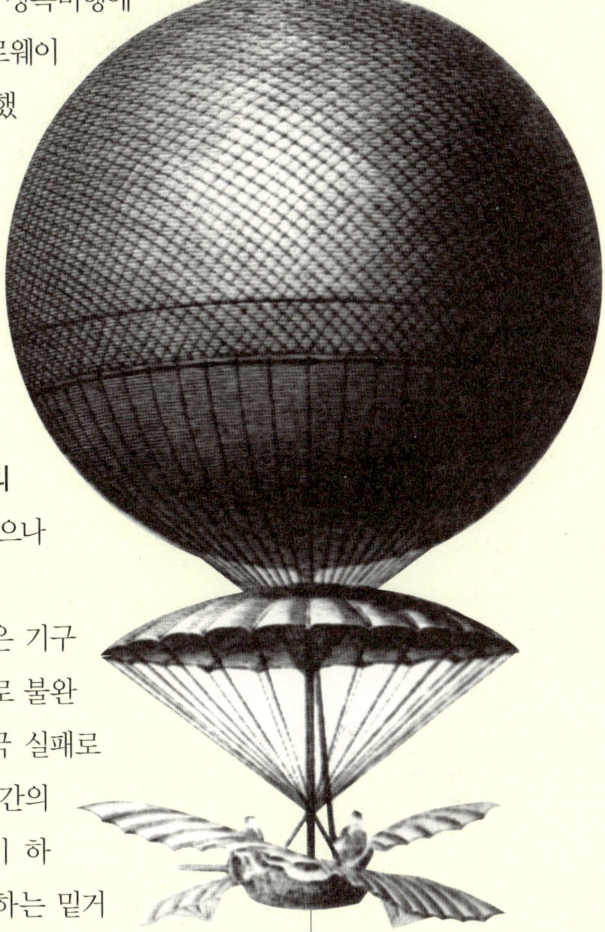

브란살식 수소기구

4 비행선 비행시대

하늘 정복의 길을 열어준 기구는

처음으로 하늘을 비행했지만,

스스로 움직이지 못하고 바람

따라 떠돌아다닐 수밖에 없었다.

기구비행은 하늘을 자유로이

날고 싶어 했던 인류의 꿈과는

거리가 멀었다.

그러나 기구를 발명하고 약 70년

동안 이렇다 할 진전이 없었다.

그러다가 증기기관이 발명되어

바다에서 범선이 증기선으로

바뀌기 시작한 19세기 중엽에

하늘에서도 증기기관을 이용한

새로운 비행장치가 등장했다.

1902 가솔린엔진을 장착한 스펜서의 비행선

09 조종이 가능한 비행선

거대한 하늘고래 비행선

HENRI GIFFARD

기구비행은 하늘을 자유로이 날고 싶어 했던 인류의 꿈과는 거리가 멀었다. 기구를 발명하고 약 70년 동안 이렇다 할 진전이 없었다. 그러다가 증기기관이 발명되어 바다에서 범선이 증기선으로 바뀌기 시작한 19세기 중엽에 하늘에서도 증기기관을 이용한 새로운 비행장치가 등장했다.

프랑스의 **앙리 지파르**(Henri Giffard : 1825~1882)가 대형 기구에 증기 엔진과 프로펠러를 달아 스스로 움직일 수 있고 가고 싶은 방향으로 갈 수 있는 새로운 비행장치 **비행선**(Airship)을 개발했다. 옛 사람들은 바다와 하늘은 같다고 여겼다. 배가 물 위를 떠다니듯이 하늘에서는 하늘배가 떠다닐 수 있다고 생각했다. 그래서 그들은 하늘에서 떠다니는 배를 **비행선**(Airship)이라고 불렀다.

지파르 이전에도 많은 항공 선구자들이 기구비행에 만족치 않고 스스로 움직일 수 있는 새로운 비행장치를 구상을 했다. 대표적인 것으로 1816년에 스위스의 항공 선구자 **폴리**(S. J. Pauly)와 **에그**(Durs Egg)가 구상한 고래 모양의 비행선 **돌핀**(Dolphin), 1817년에 영국의 **케일리 경**(Sir George Cayley)이 구상한 증기 엔진 비행선, 그리고 1835년에 영국의 **레녹스**(Lennox)가 구상한 비행선 **이글**(Eagle) 등을 들 수 있다. 일명 **에그스 폴리**(Egg's Folly)라고도 불린 폴리와 에그가 구상한 돌고래 비행선은 마치 고래가 하늘을 날고 있는 모양의 비행선이었다.

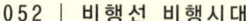
폴리가 구상한 돌고래 비행선

앙리 지파르의 최초의 비행선

앙리 지파르는 1852년 9월 비행체를 기구처럼 둥글게 만들지 않고 공기 저항을 줄이기 위해 유선형으로 만들고 그 속에 석탄 가스를 넣은 가벼운 증기기관 비행선을 개발했다. 길이 44m, 직경 12m의 이 비행선은 그물로 덮은 풋볼 모양의 비행체 밑에 길이 20m의 나무 막대기를 매달았다. 거기에 무게 160kg에 3마력을 낼 수 있는 증기 엔진과 직경 4m의 프로펠러, 그리고 사람이 탈 수 있는 곤도라를 달았다. 이 비행선은 시속 8~10km의 속도로 비행할 수 있었지만, 초보적인 조종만 할 수 있어 출발지점으로 돌아올 수는 없었다. 지파르는 이 비행선으로 1,800m 높이로 방향을 바꾸면서 파리 경마장에서 베르사이유까지 27km를 시속 10km의 속도로 비행했다. 이것이 동력을 이용하여 조종하면서 하늘을 비행한 최초의 비행이었다.

1884년 8월에 프랑스의 뫼동비행학교의 사관생이었던 **샤를 르나르**(Charles Renard : 1847~1905)와 **크레브스**(Arthur C. Krebs : 1847~1935)는 정부의 지원을 받아 무거운 증기기관 대신, 전기모터를 사용한 전기비행선 **라 프랑스호**(La France)를 개발했다. 길이 50m의 비행체에 르나르가 개발한 염화크롬 전지와 지멘스(Siemens)가 개발한 8.5마력의 전기모터를 장비하여 시속 23km로 비행할 수 있었으며 조정이 가능해 처음으로 목적지에서 회전하여 출발지로 돌아왔다.

세련된 유선형의 선체를 한 비행선
라 프랑스호(1884)

염화크롬 전지를 사용한
앙리 지파르의
증기 엔진 비행선(1852)
런던과학 박물관

에펠탑의 선회비행 기념우표
(몰디브 1983)

산토스 뒤몽의 에펠탑 일주비행

19세기 말에 이르러 가벼운 가솔린 엔진의 발명으로 비행선도 가벼운 가솔린 엔진을 장비하게 되어 성능도 크게 향상되었다. 최초로 비행선에 가솔린 엔진을 사용한 것은 파리에 거주하고 있던 브라질인 **산토스 뒤몽**(Alberto Santos Dumont : 1873~1932)이었다. 1898년 9월에 그는 길이 25m의 유선형 비행선 **뒤몽 비행선 1호**를 개발하여 400m 높이로 파리 상공을 자유롭게 비행했다.

뒤몽은 파리의 생클루 공원에서 에펠탑까지 11㎞ 거리를 30분 내에 왕복비행하면 10만 프랑의 상금을 주겠다는 프랑스 항공클럽의 제의를 받아들여 1901년 7월 13일 새벽에 **뒤몽 비행선 5호**로 도전하여 에펠탑을 돌아 약속 시간보다 10분 늦게 출발지로 돌아왔다. 그러나 착륙 직전에 엔진이 멎어 내리지 못하고 바람 따라 떠돌다가 파리 교외에 추락했다. 1901년 10월 19일 그는 **뒤몽 비행선 6호**로 재도전하여 29분 만에 에펠탑의 일주비행에 성공했다. 그 뒤에 뒤몽은 가벼운 가솔린 엔진을 장착한 반경식구조의 대형 비행선을 개발했다.

1913년에 프랑스 항공클럽은 생클루의 옛 비행장 기지에 만든 산토스 뒤몽 광장에 높이 5m의 석조 기념비를 세웠다.

⬆ 에펠탑의 선회비행에 성공한 뒤몽의 비행선(1901)

10

비행선의 아버지 체펠린

바보 백작이 개발한 거대한 경식 비행선

라이트 형제가 동력비행에 성공하기 3년 전에 독일과 스위스 국경지대에 있는 보덴호수에서 한 번도 본 적이 없는 거대한 비행선을 만들고 있는 사람이 있었다. 하늘로 뜰 것 같지 않는 거대한 비행장치를 만들고 있다고 해서 사람들은 그를 '바보 백작'이라고 불렀다. 그가 바로 거대한 경식 비행선을 개발한 '비행선의 아버지' 페르디난트 폰 체펠린(Graft Ferdinand von Zeppelin : 1838~1917)백작이다. 1900년 7월에 그는 길이 128m에 직경 11.7m의 거대한 유선형의 경식 비행선 **LZ-1호**를 개발했다. 산토스 뒤몽의 비행선보다 6배나 큰 이 비행선은 16마력의 엔진으로 시속 13.6km로 비행할 수 있었다.

체펠린의 LZ-1호 비행선

초기의 비행선은 대부분이 두꺼운 천으로 만든 유선형의 가스 주머니에 수소를 채워 넣은 연식 비행선이었다. 이 연식 비행선은 모양이 변하기 쉽고 불이 날 위험이 컸으며 엔진을 장비할 장소가 마땅치 않아 대형화하는 데 한계가 있었다. 체펠린이 개발한 경식 비행선은 가벼운 두랄루민으로 유선형의 선체를 만들고 그 속에 여러 개의 수소가스 주머니를 넣어서 부력을 얻었다. 그리고 앞뒤에 있는 두 개의 콘도라에 각각 16마력의 가솔린 엔진과 두 개의 프로펠러를 장비했다. 이 비행선은 골격이 금속이므로 선체를 크게 할 수도 있고 바람의 압력으로 모양이 변하는 것을 막을 수 있으며 큰 엔진을 많이 달 수 있어 속도를 높일 수 있는 장점이 있었다.

비행선 취항 75주년 기념우표
(몰디브 1977)

1907년에 체펠린은 세계 최초의 군용비행선 **LZ-3 체펠린 비행선 3호**를 개발했다. 1908년 6월에는 길이 136m, 직경 13m에 210마력의 엔진을 갖춘 초대형 비행선 **체펠린 비행선 24호**를 개발하여 알프스를 넘어 스위스까지 비행했다가 무사히 돌아왔다. 체펠린의 대형 비행선은 여객을 수송하는 교통수단으로 활용되었다. 1909년에 그는 독일 비행선 회사를 세워 이듬해 6월부터 20인승의 **빅토리아 루이제호**로 독일의 여러 도시를 연결하는 항공수송을 시작했다. 1910년부터 1914년 제1차 대전이 일어나기 직전까지 5년 동안에 7척의 비행선으로 3,176시간을 비행하여 9,200명을 수송했다.

⬇
보덴호 상공을 비행하고 있는
체펠린 백작이 만든
최초의 경식비행선

군사목적으로 활용된 경식 비행선

제1차 대전이 일어나자 비행선은 전쟁무기로 이용되었다. 전선에 배치된 비행선은 정찰부터 폭탄투하에 이르기까지 그 활동범위가 넓었다. 비행선을 가장 활발하게 활용했던 나라는 독일로 비행선 부대까지 창설했다.

1915년 3월에 3척의 독일 비행선이 파리 상공을 비행하면서 정찰했다. 그해 8월에는 독일 해군의 경식 비행선 **LZ-10 삭센호**는 런던에 출격하여 3,100m의 고도에서 폭탄을 투하했고 9월에는 **L-13호**가 런던에 300kg의 폭탄을 투하했다. 제1차 대전이 끝날 때까지 런던은 모두 51회의 독일 경식 비행선의 공습을 받았으며 이로 인한 인적·물적 손해도 컸지만, 영국 시민들에게 준 심리적 공포가 더 컸다.

영국은 런던에 추락한 독일 해군의 **LZ-33호** 비행선을 조사하여 경식 비행선 **R-31호**와 **R-32호**를 개발하여 전쟁에 투입했다. 제1차 대전에서 비행기보다 비행선이 더 멀리 비행할 수 있고 폭탄도 더 많이 실을 수 있어 활동범위가 더 컸다.

제1차 대전 중에 독일군은 120척의 군용 비행선을 만들어 전쟁에 투입했다. 전후 패전국인 독일에서는 군용기나 군용 비행선은 물론 민간용 비행기나 비행선의 생산이 일체 금지되었다. 그러나 미국에 지불해야 할 배상금의 일부를 대형 비행선을 만들어 주기로 하여 **LZ-126호**를 1924년에 완성하여 **로스앤젤레스호**라는 이름을 붙여 미국에 넘겨주었다. 이 비행선은 그 후 10년 동안 사고 한 번 없이 미 해군을 위해 많은 활약을 했다. 독일은 제1차 대전 중에 만든 체펠린 비행선을 제2차 대전에서도 군사목적으로 사용했다. 미국은 1931년부터 본격적으로 해군용 대형 비행선을 생산했으며 제2차 대전 중에는 168척의 비행선을 만들어 정찰 등 군사목적으로 활용했다.

대서양을 횡단비행하는
힌덴브루크호우표(독일 1936)

11 비행선 수송의 황금기

비행선 수송시대의 개막

▲ 대서양 횡단 비행에 성공한 R-34 비행선우표(루마니아 1978)

제 1차 대전이 끝난 뒤, 비행선은 다시 평화적인 목적으로 사용되었다. 1919년 7월 2일, 영국 공군의 **조지 스코트**(George H. Scott : 1888~1930) 소령은 경식 비행선 **R-34호**로 최초로 대서양횡단 왕복비행에 성공했다. 스코틀랜드의 이스트 포춘 공군기지를 떠나 5,800km나 되는 북대서양을 108시간 걸려서 횡단비행하여 뉴욕 롱아일랜드의 루즈벨트 비행장에 내렸다. 뒤이어 7월 9일에 이 비행선은 뉴욕을 떠나 75시간 걸려서 런던의 북동쪽에 있는 풀함기지에 내렸다. 이스트 포춘 공군기지와 롱아일랜드에 **R-34호**의 대서양 횡단비행을 기리는 기념비가 서 있다.

이어서 독일비행선항공사의 지배인이었던 **에케너 박사**(Dr. Hugo Eckener : 1868~1954)는 **체펠린 백작호**(LZ-127)[18]로 세계일주 비행에 성공했다. 1929년 8월 8일, 그는 미국 뉴저지 주의 레이크허스트 공항을 떠나 독일의 프리드리히스하펜-시베리아-도쿄-로스앤젤레스-뉴욕까지 세계일주 비행을 마치고 8월 29일에 21일 7시간 걸려서 돌아왔다. 총 비행시간 300시간 20분, 비행거리 34,000km에 이르렀다.

체펠린 백작호는 1928년부터 1937년까지 10년 동안에 총 591회를 비행했으며 그 중 남대서양을 140회, 북대서양을 7회 횡단하여 1만 6천 시간에 170만km를 비행하여 1만 3천명을 수송했다.

---

18) **체펠린 백작호** 길이 235m, 직경 30m, 총중량 111톤, 550마력 엔진 5기, 순항속도 110km, 승객 20명.

▲
뉴욕 상공을 비행하는
힌덴부르크호

그 뒤, 이 비행선은 1930년과 1931년에 두 차례 북극권의 탐사비행을 했다. 독일과 소련의 과학자들이 이 비행선에 탑승하여 학술적 자료의 수집과 항공사진의 촬영을 통해 새로운 북극권 지도를 제작하는 데 기여했다. 그밖에도 아프리카, 중동, 남미 등 세계 곳곳을 비행하면서 비행선의 황금기를 장식했다.

힌덴부르크호의 폭발 사고

독일 정부는 1934년 5월에 세계일주 비행에 성공한 **체펠린 백작호**보다 두 배나 크고 항속거리가 긴 **힌덴부르크호**(Hindenburg LZ-129)를 완성하여 1936년 10월부터 유럽-남미 정기노선에 취항했다. 선체의 길이가 245m에 직경 41m이고 부피가 20만㎥나 되는 이 대형 비행선은 최대 시속 135㎞, 항속거리 1만 3천㎞이며 60명의 승무원과 72명의 승객을 태울 수 있었다. 이 비행선은 화려한 객실, 그랜드 피아노가 있는 오락실, 프랑스산 고급 와인과 풀코스 요리를 서비스하는 고급 식당이 갖추어져 있는 하늘의 호화로운 여객선이었다. 오늘날 하늘의 거인이라고 불리는 점보 여객기도 60년 전의 이 비행선에 비하면 규모 면에서나 객실 서비스 면에서 비교될 수 없었다. **힌덴부르크호**는 14개월 동안에 63회 비행했으며 총 비행거리가 30만㎞에 이르렀다.

하늘의 '타이타닉'호로 비행선시대를 장식했던 **힌덴부르크호**는 1937년 5월 5일, 프랑크푸르트를 출발하여 이틀 반의 비행 끝에 미국 뉴저지 주의 레이크허스트 공항의 상공에 7일 19시 25분에 도착했다. 그러나 착륙 직전에 일어난 폭발사고로 화염에 싸여 추락하고 말았다. 비행선에 실었던 수소가스에 정전기로 인한 불꽃이 점화된 것이 원인이었다. 이 사고로 비행선에 타고 있던 97명 중 22명의 승무원과 13명의 승객 그리고 1명의 지상요원까지 모두 36명이 사망했다. 이듬해 사상 최후의 경식 비행선 **체펠린백작 2세호**(LZ-130)가 건조되었으나 이용자가 없어 거의 사용하지 못했다.

비행선은 하늘을 날고 싶어 했던 인류의 꿈을 실현시켜 주었고 수송수단으로 크게 활용되었다. 그러나 **힌덴부르크호**의 사고로 38년 동안 계속되어온 비행선시대는 막을 내렸다. **힌덴부르크호**의 폭발사고는 1986년에 일어난 미국의 우주왕복선 **챌린**

레이크허스트 상공에서 폭발한
힌덴부르크호의 최후의 순간(1937)

지호의 폭발사고, 그리고 2001년 9월 11일의 여객기의 자폭테러에 의한 세계무역센터의 붕괴사고와 함께 항공사상 최대의 충격적인 사고였다.

독일과 스위스 국경의 보덴호반의 콘스탄츠에서 태어난 체펠린 백작은 장군으로 퇴역하여 비행선의 개발에 여생을 바쳐 14년 동안에 115척의 비행선을 만들었다. 체펠린 비행선의 본거지였던 프리드리히스하펜에 현재 체펠린 기념관이 있다. 기념관의 1층에는 1937년에 폭발한 **힌덴부르크호**의 일부를 재현해 놓았고 2층에는 폭발한 잔해를 전시하고 있다. 한편 프랑크푸르트 공항에 체펠린 박물관이 있다.

너무 거대하여 비행선은 하늘을 날기에 적합한 비행장치는 아니었지만, 한때 장거리 항공수송의 주역이었던 시대가 있었다.

5 글라이더 비행시대

18세기 중엽, 증기기관의 발명으로 시작된 산업혁명은 항공분야에도 새로운 변화를 가져왔다. 공기보다 무거운 비행장치로 하늘을 날 수 있는 길이 열렸다. 미국의 라이트 형제가 인류 최초의 동력비행에 성공하기 이전에 많은 항공 선구자들의 꾸준한 연구와 노력으로 항공역학에 관한 이론이 확립되었다. 그들은 글라이더로 활공을 했고 모형 동력 비행장치를 만들어 실험비행을 하면서 동력 비행기 개발의 기초를 닦았다.

1896 오토 릴리엔탈의 유인 복엽 글라이더 비행(독일)

12 항공의 아버지 케일리 경

케일리의 고정날개 비행이론

GEORGE CAYLEY

18세기 중엽, 증기기관의 발명으로 시작된 산업혁명은 항공분야에도 새로운 변화를 가져왔다. 공기보다 무거운 비행장치로 하늘을 날 수 있는 길이 열렸다. 미국의 라이트 형제가 인류 최초의 동력비행에 성공하기 이전에 많은 항공 선구자들의 꾸준한 연구와 노력으로 항공역학에 관한 이론이 확립되었다. 그들은 글라이더로 활공을 했고 모형 동력 비행장치를 만들어 실험비행을 하면서 동력 비행기 개발의 기초를 닦았다. 동력 비행기의 개발에 공헌한 대표적인 항공 선구자로 조지 케일리 경을 비롯하여 오토 릴리엔탈, 윌리엄 헨슨, 알렉산더 모자이스키, 옥타브 샤누트, 새뮤얼 랭글리, 하이램 맥심, 알폰스 페노 등이 있었다. 그 중 동력비행에 관한 항공이론을 과학적으로 체계화하고 공기보다 무거운 비행장치의 비행원리를 확립한 것은 '항공의 아버지'라고 불리는 영국의 **조지 케일리 경**(Sir George Cayley : 1773~1857)이었다. 그는 새처럼 날개를 움직여서 비행하려고 했던 레오나르도 다 빈치와는 달리 움직이지 않는 날개를 전진시켜 얻는 양력으로 공기보다 무거운 비행장치를 비행시킬 수 있다는 항공이론을 제시했다.

1799년, 29세 때 그는 큰 새는 날개를 움직이지 않고 하늘을 비행한다는 것에 착안했으며 고정날개를 가진 비행장치를 구상하여 은으로 만든 원판에 새겼다. 이 비행장치는 두 고정날개 사이에 조종사가 앉고 수평과 수직 꼬리날개를 가진 획기적인 구상이었다. 그는 새가 날개를 흔들어 앞과 아래로 힘을 발생시켜

위로 뜨는 힘(양력)과 앞으로 나가는 힘(추력)을 동시에 얻어 비행하는 새의 비행원리를 발견했다. 양력과 추력을 분산하여 날개에는 양력만을 발생시키고 추력을 발생하는 장치는 따로 가지면 비행할 수 있다는 확신을 갖게 된 그는 1809년에 출판한 〈공중 비행론(On Aerial Navigation)〉에서 고정날개와 공기의 힘을 이용하면 양력이 발생하여 공기보다 무거운 비행장치도 비행할 수 있다는 새로운 비행이론을 제시했다. 새의 가슴 근육은 전체 근육이 낼 수 있는 힘의 3분의 2 이상을 비행하는 데 사용할 수 있도록 발달되어 있기 때문에 날개를 흔들어 비행할 수 있다. 그런데 인간이 낼 수 있는 근육의 힘은 인간이 비행하는 데 필요한 힘의 10분의 1 밖에 안 된다. 그러기 때문에 인간은 근육의 힘으로 날개를 움직여도 비행할 수 없다는 것을 명백히 지적했다.

그는 고정날개를 일정한 속도로 이동시키면 양력이 발생하여 비행할 수 있다고 비행의 원리를 제시했다. 그가 제시한 양력의 원리는 연이 공중에 뜨는 원리와 같았다. 연의 경우 줄을 당기지만 항공기는 줄 대신에 프로펠러의 추력을 이용하는 것이 다를 뿐이다. 이러한 그의 착상은 근대 항공역학의 중심을 이루는 '고정날개에 관한 비행이론'의 기본이 되었다.

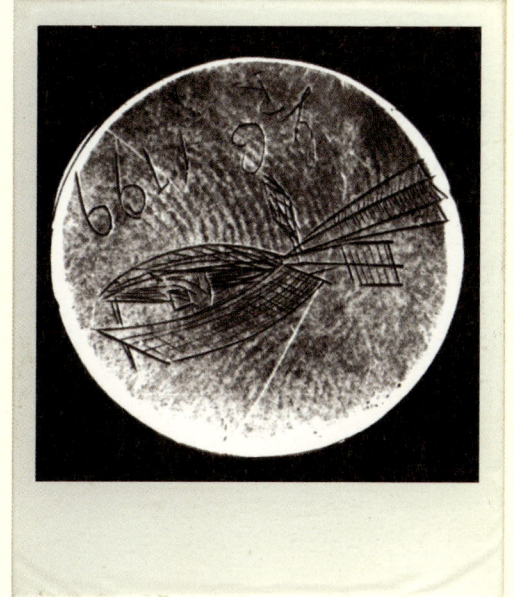

은반에 새긴 케일리의 고정익 비행기그림(1799)

케일리가 구상한 비행장치

케일리는 이론에만 그치지 않고 각종 비행장치를 구상하고 그 모형을 만들었다. 대표적인 것으로 1796년의 헬리콥터 모형, 1799년의 접시에 그린 고정날개 비행장치, 1804년의 모형 글라이더, 1843년의 두 꼬리날개를 가진 증기동력 비행기 **하늘 마차**(Aerial Carriage), 1849년의 삼겹 날개 글라이더, 1853년의 조종이 가능한 글라이더 등을 들 수 있다. 그가 만든 **모형 헬리콥터**는 고래 뼈로 만든 수직기둥의 양 끝에 코르크를 붙이고 새 털로 만든 4개의 날개를 달아 비행하도록 고안한 것이다. 이것은 꼬리에 있는 2개의 프로펠러에서 추력을 얻고 2쌍의 원판 모양을 한 날개가 서로 반대 방향으로 회전하면서 양력을 얻어 비행하도록 했다.

1804년에 그가 개발한 **모형 글라이더**는 수평꼬리날개와 새에는 없는 수직꼬리날개가 있었으며 1809년에 항공사상 최초의 무인 글라이더를 만들어 비행하는 데 성공했다. 1849년, 75세 때 그는 사람을 태울 수 있는 3겹의 고정날개를 가진 글라이더 **올드 플라이**(Old Fly)를 만들어 소년을 태워 비행하는 데 성공했다.

⬆ 야콥 데켄의 비행장치우표 (독일 1990)

➡ 열살의 소년을 태우고 활공한 케일리 경의 유인 삼겹 날개 글라이더 올드 플라이 모형(1949)

이것이 항공사상 최초로 글라이더에 사람이 타고 비행한 유인 활공이었다. 1853년에 그는 조종이 가능한 길이 60cm, 폭 30cm, 높이 60cm의 글라이더 **뉴 플라이호**(New Flyer)를 만들어 150m를 비행했다.

최초로 항공이론을 체계화한 케일리 경은 그의 이론을 바탕으로 고정날개와 꼬리날개를 가진 글라이더를 개발했다. 고정날개는 양력을 발생시켜 글라이더가 하늘로 뜨는 역할을 했고 꼬리날개는 기체를 안정시키는 역할을 했다. 그의 항공이론은 날개치기 비행장치가 아니라 고정날개를 가진 비행장치의 개발의 기초가 되었다.

케일리가 설계한 헬리콥터 모형(1843) 런던 과학박물관

13

릴리엔탈의 글라이더 비행

글라이더 활공의 왕 릴리엔탈 형제

GUSTAV LILIENTHAL

고정날개를 이용하면 공기보다 무거운 비행장치도 비행할 수 있다는 케일리 경의 항공이론에 영향을 받아 많은 항공 선구자들이 글라이더를 만들어 타고 비행을 시도했다. 그 중에서도 글라이더의 활공으로 항공발달사상 큰 공적을 남긴 것은 독일의 릴리엔탈 형제였다.

날개에 공기의 힘이 어떻게 작용하는지를 연구한 독일의 **오토 릴리엔탈**(Otto Lilienthal : 1848~1896)과 **구스타프 릴리엔탈**(Gustav Lilienthal :1849~1933) 형제는 1889년에 그 결과를 종합하여《비행기술의 기초로서의 새의 비행》을 출판했다. 릴리엔탈 형제의 연구 자료는 라이트 형제가 글라이더를 설계하는 데 참고했을 정도로 동력 비행장치의 개발에 중요한 역할을 했다.

릴리엔탈 형제는 연구로만 그치지 않고 직접 글라이더를 만들어 본격적인 실험비행을 했다. 1891년에 베를린 교외에 있는 리노브 산에서 직접 개발한 꼬리날개를 가진 단엽 글라이더를 타고 350m를 활공했다. 이 글라이더는 껍질을 벗긴 버드나무 가지에 면포를 씌운 것으로 날개의 중앙에 뚫은 구멍으로 머리를 내밀고 어깨와 팔과 무릎으로 매달려 활공하도록 만들었다. 이 글라이더의 복제품은 현재 런던의 과학박물관에서 전시하고 있다.

1895년에 릴리엔탈 형제는 양력을 증가시키기 위해서 복엽 글라이더를 만들었다. 그러나 그의 최종 목표는 동력 비행기의 개발에 있었다. 1896년에 그는 동력 비행장치의 개발에 앞서 우선 동력 비행기의 기체로 사용할 수 있는 글라이더를 만들어 엔진을 달지 않은 채 실험비행을 하다가 갑자기 불어온 강한 돌풍으로 추락하여 척추가 부러져 죽고 말았다.

릴리엔탈 형제는 6년 동안에 18가지의 글라이더를 개발했으며 2,000회 이상의 활공실험으로 케일리 경의 비행이론을 실천에 옮겼다. 그는 실험비행을 통해 날개의 양력, 풍압의 중심, 기체의 안전성 등에 관한 귀중한 자료를 남겨 동력 비행기 개발의 기초를 닦았다. 릴리엔탈 형제가 만든 글라이더는 오늘날의 행글라이더와 매우 비슷했다. 다만 날개의 한복판에 구멍을 뚫어서 머리를 내밀고 몸을 앞뒤 좌우로 움직여 무게의 중심을 이동시켜 조종한 것이 다를 뿐이었다.

특히 1896년에 베를린 교외의 리노브 산에서 활공을 했던 글라이더는 엔진만 없었을 뿐이지 기체는 완벽했다. 여기에 엔진을 얹어 동력비행에 성공한 것이 라이트 형제라고 할 수 있다. 릴리엔탈의 무덤에 서 있는 비석에 '희생을 치르지 않으면 안 된다'라는 그의 신념이 새겨져 있다.

릴리엔탈과 단엽 글라이더우표
(루마니아 1978)

릴리엔탈의 단엽 글라이더 비행

글라이더 비행에 도전한 릴리엔탈의 후계자들

OCTAVE CHANUTE

릴리엔탈 형제의 뒤를 이어 오스트리아의 로렌스 하그레브, 프랑스의 옥타브 샤누트, 그리고 영국의 필처도 글라이더를 만들어 실험비행을 했다. 1894년에 **하그레브**(Lawrence Hargrave : 1850~1915)는 릴리엔탈의 아이디어를 이용하여 4개의 상자를 연결하여 안정성이 높은 상자모양의 글라이더를 만들어 비행하는 데 성공했다. 1896년에 그는 엔진을 장비한 고정날개의 비행기 모델 **플라잉 7호**를 개발했고 1902년에는 연에 증기기관을 달고 동력비행을 시도했으나 무거운 엔진 때문에 실패했다.

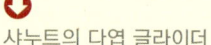
샤누트의 다엽 글라이더

릴리엔탈의 영향을 받은 영국의 글라이더 선구자 **필쳐**(Percclair Pilche : 1867~1899)는 1895년에 1호 글라이더 **박쥐**(Bat), 2호 글라이더 **딱정벌레**(Beetle), 3호 글라이더 **갈매기**(Gull), 1896년에는 4호 글라이더 **매**(Hawk)를 개발했다. 릴리엔탈이 죽은 후에도 활공실험을 계속한 그는 1899년 9월에 글라이더 호크를 타고 활공 중에 대나무로 만든 꼬리날개가 부러져 사망했다.

1894년, 프랑스 출신의 미국인 항공기술자 **옥타브 샤누트**(Octave Chanute : 1832~1910)는 항공에 관한 각종 자료를 모아서 만든 책《비행장치의 진보(Progress in Flying Machines)》를 발간했다. 1896년, 그는 직접 개발한 한 겹, 두 겹, 세 겹, 다섯 겹, 열두 겹의 날개를 가진 글라이더를 만들어 700회 이상 활공실험을 하여 동력 비행기의 개발에 필요한 많은 자료를 남겼다. 그는 '항공학의 백과사전'이라고 불릴 정도로 항공에 관한 전문지식을 많이 갖고 있었다. 라이트 형제가 최초의 동력 비행기 **플라이어**(Flyer)를 개발하는 데 릴리엔탈의 비행실험 자료와 샤누트의 조언이 큰 도움을 주었다.

릴리엔탈의 유인 복엽 글라이더우표 (알바니아 1996)

14 동력 비행장치에 도전한 파이오니아들

헨슨의 모형 동력비행장치

WILLIAM SAMUEL HENSON

19세기에도 여전히 새를 모방하여 날개를 움직여 비행하려는 조인들이 많았다. 그러나 케일리 경의 영향을 받아 일부 항공 선구자들은 고정날개와 프로펠러를 이용한 동력 비행장치를 고안하고 모형을 만들었다. 대표적인 것이 윌리엄 사무엘 헨슨과 알폰스 페노가 만든 모형 동력 비행장치이며 그 모양이 근대 비행기와 흡사했다.

1842년에 케일리 경의 공기보다 무거운 비행장치의 이론을 기초로 영국인 윌리엄 **사무엘 헨슨**(William Samuel Henson : 1805~1868)은 항공 사상 처음으로 고정날개를 가진 프로펠러 추진식의 모형 비행장치 **공중 증기차**(Aerial Steam Carriage)19)를 만들어 영국 정부로부터 특허를 받았다. 큰 앞날개와 삼각형의 꼬리날개를 가진 이 모형 비행장치는 사람과 화물을 실을 수 있는 유선형의 동체에 가볍고 효율이 좋은 30마력의 증기 엔진 1대를 달았다. 그리고 날개 뒤쪽에 2개의 추진식 프로펠러와 3개의 바퀴로 된 착륙장치를 갖추었다.

1845년에 헨슨은 더 큰 모형 동력 비행장치를 개발했으나 엔진의 성능에 비해 기체가 너무 크고 무거워서 비행에는 실패했다. 헨슨의 모형 동력 비행장치는 20세기 초에 단엽기의 개발에 많은 도움을 주었다. 비행기가 기차보다 훨씬 우수한 수송수단이 될 것이라고 확신한 그는 1843년에 날개 길이 48m, 무게 6,614kg의

---

19) **공중 증기차** 날개 폭 46m, 무게 1,400kg, 50마력, 엔진 1기, 10~12인승.

웅대한 모습으로
하늘을 날고 있는
헨슨의 공중 증기차 상상도

대형의 '공중 증기차'를 설계했다. 그는 이 증기차를 이용하여 여객, 화물, 병력, 기타 군수물자의 항공수송을 하기 위한 공중 수송회사를 구상했다. 세계 곳곳에 항공기지(공항)를 만들고 동력 비행기를 이용하여 사람을 수송한다는 그의 구상은 1세기가 지난 뒤에 실현되었다. 그의 모형 동력 비행장치가 비행에 실패하자 그는 모든 자료를 그의 친구 스트링펠로우에게 넘겨주고 1847년에 미국으로 이주해 버렸다.

헨슨의 공중증기차우표
(기니공화국 1979)

동력 비행장치에 도전한 파이오니아들 | 075

스트링펠로우와 모이의 동력 비행장치

JOHN STRINGFELLOW

비행가인 동시에 시인이기도 했던 **스트링펠로우**(John String-fellow : 1799~1883)는 1848년, 헨슨의 모형 동력 비행장치를 개량하여 작고 가벼운 증기기관과 프로펠러를 장비한 동력 비행장치를 만들어 런던 근처에서 실험비행을 했으나 성공하지 못했다. 영국에서는 그의 모형 비행기가 사람이 타지 않고 실제로 하늘을 비행한 최초의 모형 비행장치였다고 주장하고 있다. 1868년, 영국의 항공학회(현재의 왕립항공학회)가 개최한 최초의 항공전시회에 스트링펠로우는 삼엽의 모형 비행장치를 만들어 참가했다. 이 모형 비행장치는 날개 면적이 2.6㎡에 무게 5.5kg의 두 개의 소형 증기기관과 두 개의 프로펠러가 서로 반대로 회전하는 모형 동력 비행장치였다.

1874년에 영국의 **토마스 모이**(Thomas William Moy : 1828~1910)는 출력 3마력의 증기 엔진 2개와 각각 6장으로 된 프로펠러를 가진 **항공 증기선**(Aerial Steamer)을 개발했다. 그는 이 모형 동력 비행기로 실험비행을 하여 지상에서부터 약 15cm정도 떠서 비행했다고 하나 실제로는 점프에 지나지 않았다.

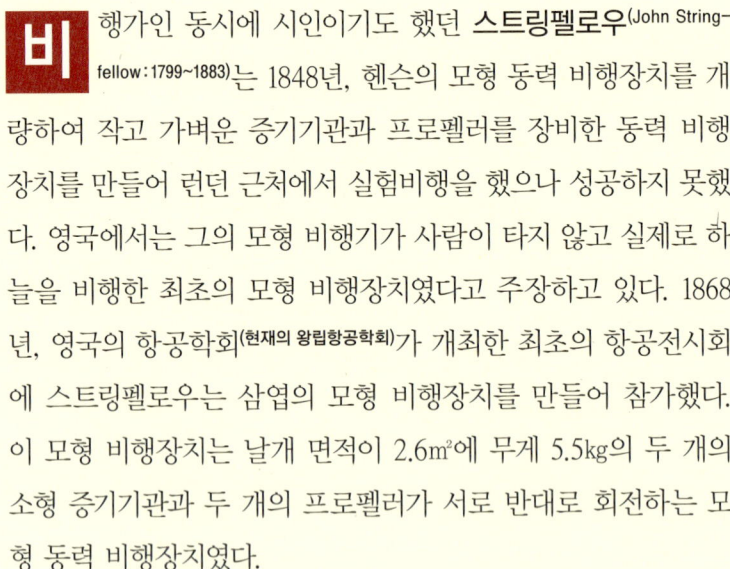
토마스 모이의 항공증기선 우표
(캄보디아 1982)

토마스 모이의 증기 엔진 비행기
항공증기선의 모형도-영국(1874)

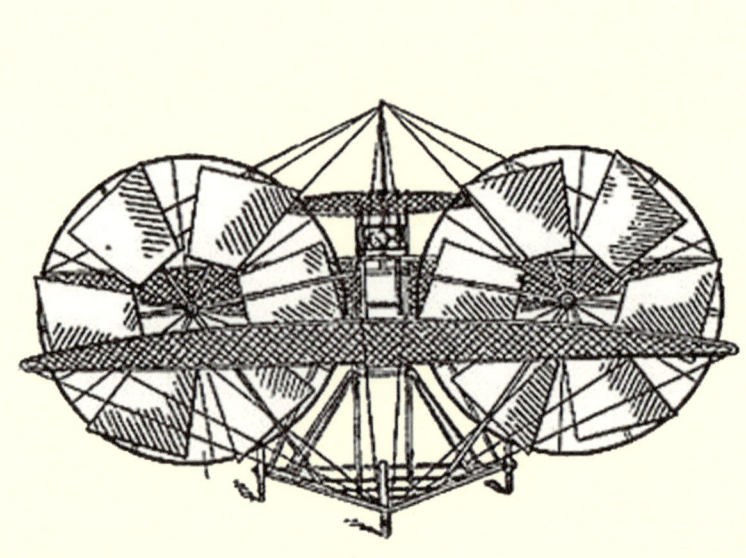

페노의 고무줄 동력 비행장치

ALPHONSE PENAUD

동력 비행기의 개발에 큰 역할을 한 것은 프랑스의 천재 **알폰스 페노**(Alphonse Penaud : 1850~1880)였다. 1871년에 그는 모형 비행기 **프라노포**(planophore)를 개발했다. 길이 51㎝에 날개 폭 45㎝의 이 비행기는 고무줄을 동력으로 프로펠러를 돌려 얻은 힘으로 비행하는 모형 동력 비행기였다. 항공사상 최초로 안전성을 가진 모형 동력 비행기로 작지만 근대 비행기 원형이 되었다. 그의 고무줄 동력 비행기는 오늘날 학교 근처 문방구점에서 파는 고무줄을 동력으로 사용하는 모형 비행기와 비슷하다. 1871년 8월에 그는 파리에서 동력 비행기 **프라노포**의 공개 실험 비행을 가졌다. 기체의 맨 뒤에 달려 있는 직경 2.5㎝의 프로펠러를 고무줄로 돌려서 11초 동안에 40m를 비행했다. 동력으로 보잘것없는 고무줄을 사용했지만, 우수한 설계 덕택으로 이 모형 비행기는 스스로의 힘으로 하늘을 비행하는 데 성공했다. 라이트 형제는 아버지가 페노의 고무줄 모형 동력 비행기를 어릴 때 선물한 것이 계기가 되어 비행기에 관심을 갖게 되었다는 것은 널리 알려진 사실이다. 페노를 유명하게 한 것은 그의 수륙양용 쌍발단엽기의 설계였다. 당시의 항공기술로는 비행기가 이륙하는 자체가 큰일이었던 때 그는 물 위에서 이륙하는 수상기를 구상했다. 아쉽게도 그는 결핵으로 고생하다가 비관하여 30세의 젊은 나이에 자살했다.

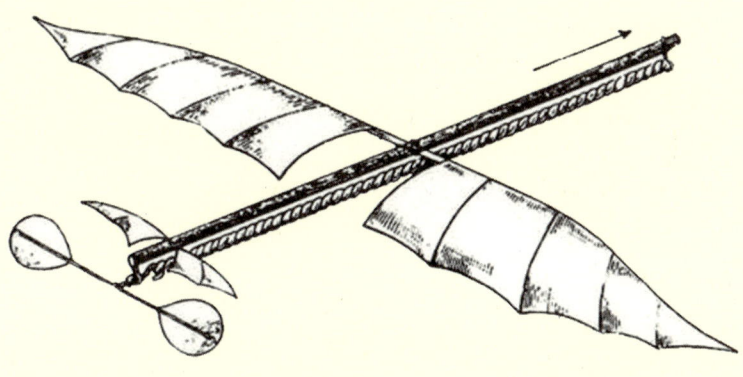
알폰스 페노의
모형 비행기 프라노포(1871)

15 라이트에 앞선 동력비행의 도전자들

탐플의 최초의 유인 동력비행장치

19세기 후반에 이르러 고정날개, 동력장치, 프로펠러만 있으면 공기보다 무거운 비행장치도 비행할 수 있다는 비행의 기본원리를 제시한 것은 케일리 경이었다. 그의 항공이론에 따라 릴리엔탈을 선두로 많은 항공 선구자들이 고정날개를 가진 동력이 없는 비행장치인 글라이더를 타고 하늘비행을 할 수 있었다.

남은 것은 글라이더에 추진장치를 얹기만 하면 동력비행을 할 수 있었다. 그리하여 영국의 케일리, 막심, 모이, 헨슨, 스트링펠로우, 프랑스의 탐플, 페노, 아델, 러시아의 모자이스키, 미국의 랭글리 등 많은 항공 선구자들이 동력 비행에 도전했다. 그러나 이들은 동력 비행장치에 적합한 가벼운 가솔린 엔진이 없어서 무거운 증기기관을 사용했기 때문에 동력비행에 성공하지 못하고 땅에서 비행체가 약간 떨어지는 정도의 점프비행으로 끝났다.

최초로 인간이 타고 비행할 수 있는 모형 동력 비행장치를 만든 것은 프랑스의 **필릭스 탐플**(Fe'lix du Temple : 1823~1890)과 동생 **루이 탐플**(Louis du Temple) 형제였다. 1874년, 탐플 형제는 사람이 탈 수 있는 모형 동력 비행기를 개발했다. 프랑스 정부는 이것을 항공 사상 최초의 모형 동력 비행기라고 주장하고 있다. 증기 엔진으로 12장으로 된 프로펠러를 회전하여 실험비행에 성공한 것으로 전해지고 있으나 땅에서부터 약간 점프하는 정도로 끝난 것으로 보인다.

CLÉMENT ADER

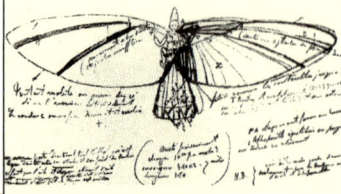

↓ 아델의 비행장치 스케치(1872)

1873년에 프랑스의 전기기술자 **클레망 아델**(Clément Ader : 1841~1925)은 날아다니는 박쥐에서 힌트를 얻어 박쥐 모양의 연을 만들어 직접 타고 하늘로 올라갔고 글라이더를 만들어 활공실험을 했다. 그 뒤 아델은 무게 299kg의 가벼운 증기 엔진 2개를 장비한 박쥐 모양의 복잡한 구조를 한 단엽 동력 비행기를 개발했다. 그리스 신화에 나오는 바람의 신 '아이올로스(Aeolus)'를 프랑스어로 바꾼 '에올(Eole)'이라는 이름을 붙였다. 1890년 10월 9일, 이 증기기관 비행기는 아델이 직접 조정하여 50m를 비행했고 1897년에는 프랑스 육군의 요청으로 개발한 **아비온**(Avion) **3호**를 타고 300m를 비행을 했다고 한다. 그러나 그것은 단순한 점프비행에 지나지 않았으며 비행에는 실패한 것으로 보고 있다. 현재 프랑스에서는 에올이 동력비행을 한 10월 9일을 '항공의 날'로 정하고 항공사상 최초의 동력비행에 성공한 것은 프랑스라고 주장하고 있다. 프랑스는 이를 계기로 일찍부터 군용비행기의 개발에 관심을 갖게 되었으며 유럽에서 제일 먼저 공군을 창설했다. 파리 16구의 센 강변에 아델이 실험비행 했던 아델 광장의 모퉁이에 기념비가 있다.

항공사상 최초로 모형이 아니고 실제로 사람이 타고 비행할 수 있는 증기기관 동력 비행기를 만든 것은 제정 러시아의 해군사관이었던 **알렉산더 모자이스키**(Alexander F. Mozhaicki : 1825~1890)였다. 1884년, 그는 기관차용의 증기 엔진과 3개의 프로펠러를 가진 홑날개 동력 비행기를 개발하였다. 이 비행기에 사람이 타고 페테르스부르크(지금의 상트페테르부르크) 교외의 스키 점프대에서 활주하여 30m를 비행한 뒤에 땅에 떨어졌다.

아델의 아비온

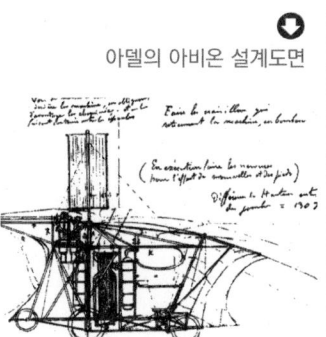

아델의 아비온 설계도면

라이트에 앞선 동력비행의 도전자들 | 079

▶ 모자이스키의 증기기관 비행기

▲ 모자이스키의 동력 비행기우표
(몽골 1995)

소련은 이것을 세계 최초의 동력비행이라고 주장하고 있으나 사실은 점프비행에 지나지 않았다. 그는 스탈린 시대의 영웅으로서 소련에서는 '항공의 아버지'라고 불리고 있다.

케일리 경을 비롯하여 토마스 워커, 윌리엄 헨슨, 스트링펠로우 그리고 알폰스 페노 등이 오늘날의 비행기와 그 모양이 비슷한 동력 비행장치의 모형은 만들었다. 그러나 이들은 대부분의 경우 활주하다가 잠깐 땅에서 뛰어오르는 정도의 단순한 점프비행(jump flight)으로 끝났다. 가장 큰 원인은 동력 비행기에 적합한 가벼운 엔진이 없어 크고 무거운 증기 엔진을 사용했기 때문이다. 19세기 말에 독일의 **니콜라스 어거스트 오토**(Nikolaus August Otto : 1832~1891)가 작고 가벼운 가솔린 엔진을 발명했다. 오늘날 오토 엔진으로 알려져 있는 이 엔진은 자동차뿐만 아니라 동력 비행기의 개발에 결정적인 역할을 했다.

이 엔진을 사용하여 최초로 동력비행에 도전한 것은 독일의 **카르 쟈트**(1873~1933)였다. 1903년 8월에 라이트 형제가 동력비행에 성공하기 4개월 전에 그는 9.5마력의 가솔린 엔진을 사용하여 복엽의 동력 비행기를 개발했으나 비행에는 실패했다.

실패로 끝난 랭글리의 동력비행

뒤이어 미국의 스미소니언 협회장이며 유명한 천문·물리학자였던 **새뮤얼 P. 랭글리**(Samuel Pierpont Langley : 1834~1906)가 정부로부터 10만 불의 지원을 받아 동력 비행기를 개발에 착수했다. 1896년, 그는 길이 5m, 폭 4m, 무게 9.7kg의 모형 비행기에 5기통의 52마력의 증기 엔진을 장비한 무인 동력 비행기를 개발하여 시속 40km로 800m를 비행하는 데 성공했다. 이어서 1903년 10월에 그는 유인 동력 비행기 **에어로드롬 A**(Aerodrome A)를 개발하여 공개비행을 시도했다. 보도진과 많은 군중들이 보는 가운데 그의 동력 비행기는 버지니아 주의 포토맥 강에 정박해있는 배의 지붕에 설치된 발사대를 이용하여 이륙했으나 바로 강에 떨어져 실패했다. 1903년 12월 8일 부서진 에어로드롬을 수리하여 다시 도전했으나 역시 실패했다. 이 실패로 미국 정부나 언론이 공기보다 무거운 비행장치로 동력비행은 성공할 수 없다고 단정해버리는 결과를 가져왔다. 이 때문에 랭글리가 실패하고 불과 일주일 후에 라이트 형제가 인류 최초의 동력비행에 성공했는 데도 언론은 이 사실을 보도하지 않았고 정부는 그 자체를 몰랐다. 그것이 미국을 1930년대 초까지 항공 후진국으로 머물러 있는 원인이 되었다.

항공발달사상 인류 최초의 동력비행에 성공한 것은 라이트 형제였지만, 그가 성공하기까지에는 그 이면에는 많은 항공 선구자들의 꾸준한 노력과 끊임없는 도전이 있어 이루어진 것이다.

동력비행에 실패한 랭글리와 조종사 찰스 마린(1903)

랭글리의 에어로드롬이 이륙직후 추락하고 있음 스미소니언 박물관(1903)

6 동력비행 성공시대

20세기 초에 미국의 윌버 라이트와 오빌 라이트형제가 인류 최초의 동력비행에 성공했다.

1800년 무렵에 케일리 경이 고정날개를 이용하면 공기보다 무거운 비행장치로 비행할 수 있다는 비행의 원리를 발표하고서 동력 비행기가 개발되기까지 약 100년이 걸렸다.

200회에 가까운 풍동실험 1,000번이 넘는 활공실험 끝에 라이트 형제는 동력 비행기 플라이어 1호를 개발하여 인류 최초의 유인 동력비행에 성공했다.

1903 최초의 동력비행에 성공한 라이트 형제(미국)

16 최초의 동력비행에 성공한 라이트형제

1903년 12월 14일

WILBUR & ORVILLE WRIGHT

20세기 초에 미국의 **윌버 라이트**(Wilbur Wright : 1867~1912)와 **오빌 라이트**(Orville Wright : 1871~1948) 형제가 인류 최초의 동력비행에 성공했다. 1800년 무렵에 케일리 경이 고정날개를 이용하면 공기보다 무거운 비행장치로도 비행할 수 있다는 비행의 원리를 발표하고서 동력 비행기가 개발되기까지 약 100년이 걸렸다. 항공에 관한 꾸준한 연구와 200회에 가까운 풍동실험 그리고 1,000번이 넘는 활공실험 끝에 라이트 형제는 동력 비행기 **플라이어 1호**(Flyer I)[20]를 개발하여 인류 최초의 유인 동력비행에 성공했다.

랭글리가 동력비행에 실패하고 일주일 뒤인 1903년 12월 14일에 찬바람이 싸늘하게 부는 겨울 아침에 노스캐롤라이나 주의 키티·호크(Kitty Hawk) 해안에 있는 킬·데블(Kill Devil)의 모래 언덕에서 다섯 명의 연안경비원이 지켜보는 가운데 라이트 형제는 **플라이어 1호**로 동력비행을 시도했다. 윌버가 조종한 동력 비행기가 길이 18m의 레일 위를 활주하여 이륙하려는 순간 당황한 나머지 그는 조종장치를 위로 올리지 않고 아래로 내려 해안가에 떨어져 부서지고 말았다.

라이트 형제는 이에 실망하지 않고 부서진 기체를 수리하여 3일 뒤인 12월 17일(목요일) 오전 10시 35분에 같은 장소에서 다시 동

---

20) **플라이어 1호 복엽기** 길이 6.4m, 폭 12.3m, 총중량 274.7kg, 가솔린 엔진 1기, 12마력.

력비행에 도전했다. 오빌 라이트는 **라이트 플라이어 1호**의 아래 날개 위에 엎드렸다. 그 곁에 4기통의 라이트 엔진이 맹렬한 배기가스를 내품으면서 내는 요란한 소리가 그의 오른쪽 귀에 울렸다. 그의 뒤에는 엔진에 연결된 체인으로 움직이는 2개의 프로펠러가 있었다. 엔진이 움직이면서 회전하기 시작했다. 윌버가 날개 끝을 누르고 있던 손을 놓자 동력 비행기는 이륙하여 3m 높이로 12초 동안에 36m를 비행했다. 이 비행장면을 지켜보고 있던 경비원 다니엘스가 인류역사상 최초로 동력비행에 성공한 역사적인 순간을 찍은 사진이 지금까지 전해 오고 있다. 이날 라이트 형제는 4번 동력비행을 했다. 두 번째 비행은 윌버가 조종하여 12초 동안에 53.4m, 세 번째 비행은 다시 오빌이 조종하여 15초 동안에 61m, 마지막에 윌버가 조종하여 59초 동안에 260m를 비행했다. 4번 비행의 평균 속도는 시속 30마일 전후였다.

동력비행에 성공한 라이트 형제는 데이턴에 있는 아버지에게 '목요일 아침, 4번 동력비행에 성공, 엔진만으로 이륙, 대기속도 초속 약 14m, 최장 비행시간 59초, 신문사에 알리기 바람. 크리스마스까지는 귀가함'이라고 비행성공을 알리는 전보를 보냈다. 라이트 형제의 동력비행의 성공은 당시 항공에 앞서 있던 유럽을 제치고 미국이 최초로 하늘을 정복한 역사적인 대사건이었다. 그런데도 미국의 언론들은 이 사실을 외면한 채 세상에 알리지 않았다. 이렇게 라이트 형제의 동력비행은 세상의 무관심 속에 이루어졌다.

동력비행에 성공한 이듬해인 1904년에 라이트 형제는 **플라이어 2호**로 80회 비행했으며 1905년에는 안전성과 선회성이 우수한 **플라이어 3호**로 50회 비행했다. 이때 비행시간 38분에 33.9km의 비행 기록을 세웠다. 미국 국방성이 라이트 형제의 동력 비행기에 관심을 갖기 시작한 것은 이때부터였다.

라이트 형제의 동력비행 기념비
국립 라이트 형제 기념공원

동력비행 성공 200주년 기념우표
(세이셸 2003)

파리에서의 공개비행에 성공한 윌버

윌버는 1908년에 프랑스로 건너가 30마력의 엔진을 장비한 복엽기 **라이트 A형**으로 100회 이상의 공개 비행을 실시했다. 총 비행시간이 25시간 30분에 최대 비행시간 2시간 20분, 최대 비행거리 124㎞, 최대고도 110m의 기록을 세워 파리의 시민들을 열광시켰다. 1909년에는 시속 54.8㎞와 고도 300m의 비행 기록을 세웠고 1910년에는 40마력의 엔진을 장비한 동력 비행기로 2,960m를 비행했다. 프랑스 정부는 윌버의 비행업적을 높이 평가하여 훈장을 수여했다. 이때가 라이트 형제의 전성기였다.

라이트 형제가 글라이더의 실험비행을 했던 킬·데블 언덕에는 라이트 형제의 동력비행의 성공을 기리는 기념비와 기념관이 서 있다.

인류 최초의 동력비행 장면
-1903년 12월 17일 오빌 라이트가 조종하여 킬 데블의 모래언덕에서 3m의 높이로 12초 동안에 36m 비행하는 데 성공

현재 라이트 형제가 최초로 동력비행에 성공했던 모래사장은 초원으로 바뀌어 국립 라이트형제 기념공원이 되어있다. 그리고 초원에 1~4번까지 번호가 있는 작은 돌비석은 라이트 형제가 비행했을 때 동력 비행기가 내렸던 지점을 표시한 것으로 비행시간과 비행거리가 기록되어 있다. 기념관에는 **플라이어 1호**의 실물 크기로 만든 모조 비행기를 진열하고 있다. 실제 동력비행에 사용한 인류 최초의 동력 비행기 **플라이어 1호**는 현재 워싱턴의 스미소니언 국립 항공우주 박물관에 전시되어 있다.

동력을 사용하지 않은 비행장치는 글라이더가 있었고, 인간이 타지 않은 모형 동력 비행기는 라이트 형제 이전에도 많았다. 라이트 형제는 공기보다 무거운 비행장치에 사람이 직접타고 동력비행을 했기 때문에 인류 최초의 동력비행에 성공한 영광을 차지할 수 있었다.

17 키티·호크에서의 활공실험

연 비행 실험부터 시작한 라이트 형제

윌버 라이트는 1867년 4월 16일에 인디애나주의 밀빌(Millville)에서, 동생 오빌은 4년 뒤인 1871년 8월 19일에 오하이오주의 데이턴(Dayton)에서 다섯 형제 중 셋 째와 넷 째로 태어났다. 1878년, 윌버가 열한 살, 오빌이 일곱 살 때 순회목사였던 아버지가 프랑스의 알폰스 페노가 고안한 고무줄 동력 비행기 장난감 '인조 새'를 선물로 사다준 것이 라이트 형제가 동력 비행기에 깊은 관심을 갖게 된 계기가 되었다.

라이트형제의 최초의 동력비행 성공 90주년 기념 항공우표 (콩고 1993)

라이트 형제의 복엽 연 비행실험(1900)

라이트 형제의 복엽 유인글라이더
비행실험(1900)

데이턴에서 자전거 상점을 운영하던 라이트 형제는 독일의 오토 릴리엔탈이 글라이더 비행 중에 죽었다는 신문시가를 보고 스스로 글라이더의 개발에 착수하여 4년의 노력 끝에 1900년에 복엽의 **제1호 글라이더**를 완성했다. 라이트 형제는 이 글라이더로 키티·호크에서 처음으로 실험비행을 했다. 키티·호크를 실험비행장소로 선택했다는 것이 라이트 형제가 동력비행에 성공한 몇 가지 요인 중 하나였다. 글라이더가 비행하기 위해서는 시속 8km 이상의 바람이 지속적으로 부는 장소가 필요했다. 라이트 형제는 워싱턴에 있는 기상청에 물어 가장 적합한 장소로 추천 받은 곳이 바로 키티·호크의 해안에 있는 모래사장이었다. 이곳은 일년 내내 초속 7m에서 11m의 바람이 일정한 방향으로 불기 때문에 글라이더의 실험비행을 하기에 적합한 장소였다.

항공사상 동력 비행기의 성지인 키티·호크는 미국 동부의 노스캐롤라이나(North Carolina)주의 동북쪽에 위치한 작은 어촌으로 앨버말 사운드(Albemarle Sound) 강과 대서양 사이에 있는 폭 1.5km, 길이 8km의 긴 모래섬이다. 이 섬에 높이 25m의 킬·데블 모래언덕이 우뚝 서 있어 기후나 위치적으로 실험비행을 하기에 적

⬆
라이트 형제의 동력비행기
플라이어1호(1903)

합했다. 그들은 데이턴의 공장에서 만든 비행기를 하루 반 걸려서 1,000km나 떨어진 엘리자베스 시까지 차로 옮겨와서 거기서부터 다시 80km 떨어진 키티·호크까지 작은 배로 운반해 왔다. 라이트 형제는 처음에는 글라이더 모양의 꼬리날개가 없는 연을 만들어 실험비행을 했다. 그 뒤, 라이트 형제가 처음으로 만든 **제1호 글라이더**는 날개폭이 5.1m의 복엽글라이더로 릴리엔탈의 글라이더보다 작았다. 라이트 형제가 특별히 고안한 이 글라이더는 독특한 날개를 이용하여 좌우로 조종할 수 있었다. 비행장치를 하늘에서 조종 할 수 있었다는 것이 라이트 형제가 동력비행에 성공한 또 하나의 요인이었다. 이 모래언덕에서 라이트 형제는 글라이더를 타고 1m의 높이로 120m의 거리를 시속 30km의 속도로 활공한 뒤 무사히 내렸다.

풍동 실험 그리고 천 번의 글라이더 비행

라이트 형제는 1901년 1월 **제1호 글라이더**보다 약간 큰 날개를 가진 **제2호 글라이더**를 개발하여 활공실험을 했다. 이 활공실험을 통해 라이트 형제는 바람의 성질과 바람과 날개와의 관계 등 비행원리에 관한 기본 지식을 얻었다. 더욱이 이들 형제는 1901년 말에 처음으로 작은 풍동(Wind Tunnel)[21]을 직접 만들어 여러 가지 비행실험을 했다. 이 풍동실험을 통해 공기역학이나 비행의 원리에 대한 과학적인 지식을 얻을 수 있었다. 지금은 항공기의 개발에 있어서 풍동실험은 기본이지만, 당시에는 풍동을 사용한 사람이 없었다. 라이트 형제가 만든 풍동은 간단한 것이었지만, 그 성능이 1908년에 공기역학의 선구자인 독일의 **프란틀**(Ludwig Prandtl : 1875~1953)[22]이 만든 풍동에 뒤지지 않았다. 라이트 형제는 풍동실험을 통해 얻은 항공역학의 지식을 기초로 **글라이더 3호**와 최초의 동력 비행기 **플라이어 1호**를 개발했다. 라이트 형제는 동력비행에 성공하기까지 키티·호크에서 글라이더를 타고 1,000번 이상의 활공실험을 했다. 특히 초속 16m의 강풍에서 직선으로 활공했을 뿐만 아니라 수직 꼬리날개를 이용하여 방향을 바꾸어 활공하기도 했다. 이를 통하여 라이트 형제는 비행에서 가장 중요한 안정성과 조종성을 확보할 수 있는 방법을 터득했으며 이러한 실험과 경험을 통하여 동력비행에 대해 자신을 얻었다.

라이트 형제가 만든 12마력 가솔린 엔진

---

21) **풍동** 인공적으로 공기를 흐르도록 만들어 공기의 흐름 현상, 공기의 압력, 공기력을 관찰하는 실험장치. 풍동을 최초로 만든 것은 영국의 조선기사였던 웨남(Wenham)이였음.
22) **프란틀** 근대 항공공학의 아버지. 1922년 비행기 날개 이론 확립

최초의 동력 비행기 플라이어 1호

동력비행 성공비결은 직접 개발한 가벼운 엔진

인류 최초의 동력 비행기인 **플라이어 1호**는 길이 6.4m, 폭 12.3m, 날개 면적 47.4㎡의 복엽기로 수평꼬리날개가 없고 날개 앞에 승강키가 있었다. 무게 275kg의 이 동력 비행기가 비행하기 위해서는 82kg 이하의 무게로 8마력 이상의 힘을 낼 수 있는 가벼운 엔진이 필요했다. 라이트 형제는 당시 널리 사용되고 있던 자동차 엔진을 개조하여 12마력의 4기통 수냉식의 엔진을 직접 만들었다. 그러나 이 엔진은 무게가 90kg이나 되어 마력 당 무게가 8kg으로 현재 사용되고 있는 항공용 엔진보다 거의 10배가 무거웠다. 이를 극복하기 위해서 라이트 형제는 기체를 뒤에서 밀어주는 뒷바람을 이용할 수밖에 없었다. 실험비행 날, 초속 9m의 뒷바람이 불었기 때문에 초속 5m의 기체의 활주 속도와 합치면 비행기의 속도가 초속 14m가 되었다. 이 때문에 **플라이어 1호**는 성공적으로 이륙할 수 있었다. 당초 계획보다 엔진이 무거웠지만, 라이트 형제가 사용한 가솔린 엔진은 그의 동력비행을 성공시키는 데 결정적인 역할을 했다.

라이트 형제가 엔진 못지않게 힘들었던 것은 프로펠러였다. 많은 연구와 실험 끝에 기체를 뒤에서 앞으로 밀어주는 직경 2.6m의 추진식 프로펠러를 개발했다. 그들은 '플라이어 1호'에 12마력의 엔진 하나로 두 개의 프로펠러를 매분 350번 좌우 반대 방향으로 회전하도록 했다. 기체의 무게를 가볍게 하기 위해 바퀴를 달지 않았다. 바퀴가 달린 수레에다가 기체를 올려놓고 그 수레를 나무로 된 레일 위를 달리게 하여 이륙했다.

라이트 동력비행 75주년
(과테말라 1978)

비행 중인 라이트 A형(1905)

착륙할 때는 기체 밑에 달아 놓은 썰매 장치를 이용했다. 앞날개에 조종키와 승강키를 철사 줄로 연결하여 조종할 수 있도록 했고 꼬리날개에는 방향키의 역할을 하는 작은 두 개의 날개가 있었다. 왼손으로 조종키를 움직여 기체가 올라가고 내려오도록 조종해야 했다. 이것이 기체를 선회시키는 장치도 겸했기 때문에 익숙한 사람이 아니면 조종하기 어려웠다.

라이트 형제는 3년 동안 그들이 갖고 있던 항공에 관한 지식과 실험비행을 통해 얻은 기술을 바탕으로 가볍고 우수한 엔진, 효율이 높은 프로펠러와 양력을 크게 높일 수 있는 고정날개를 직접 만들고 많은 비행경험을 거쳐 만든 조종시스템을 개발함으로써 인류 최초의 동력비행에 성공했다.

1908년, 파리에서 공개비행을 했을 때가 라이트 형제의 전성기였다. 그 뒤, 라이트식 비행기는 유럽에서 개발한 비행기들보다 성능이 뒤떨어졌으며 1909년 이후에는 유럽의 비행기들이 라이트가 개발한 동력 비행기를 앞섰다. 라이트 형제의 영광은 불과 5년 만에 끝났다. 형 윌버는 1912년 병사했고 동생 오빌은 1948년에 사망했다. 죽기 1년 전에 록히드의 4발 대형 프로펠러기인 **컨스텔레이션**의 조종석에 앉은 오빌은 "나는 이러한 비행기를 개발하여 하늘을 비행하는 것이 꿈이었다."고 했다.

라이트 형제가 최초로 개발한 **플라이어 1호**와 그가 사용했던 풍동 등이 워싱턴의 스미소니언 박물관에서 전시되고 있다.

19 뒤몽의 유럽 최초의 동력비행

유럽최초의 동력비행에 성공한 브라질인

ALBERTO SANTOS DUMONT

하늘정복의 모험은 신화의 비행시대부터 유럽이 앞서 왔다. 1896년에 오토 릴리엔탈이 글라이더 사고로 사망한 뒤로 거의 답보상태에 빠져 있던 유럽에 라이트 형제가 동력비행에 성공했다는 소식이 미국으로부터 전해지면서 유럽의 항공계 특히 프랑스는 큰 충격을 받았다. 항공발달사상 독일의 릴리엔탈이 처음으로 글라이더 비행에 성공한 것(1881)을 제외하고는 몽골피에의 열공기기구의 발명(1783), 인류 최초의 유인비행의 성공(1783), 비행선의 발명(1852)에 이르기까지 항공사상 모든 공적을 독차지해 왔던 프랑스의 자존심이 크게 손상되었기 때문이다. 그래서 프랑스는 1890년 10월 9일에 클레망 아델의 증기기관 비행기인 **에올**(Eole)이 항공사상 최초의 동력비행이라고 지금까지 주장하고 있다.

⬇ 뒤몽이 개발한 동력 비행기 14비스와 뒤몽 15비행선
하늘로 올라간 비행선에서 출발하고 있는 상자모양의 유럽 최초의 동력비행기(1906)

094 | 동력비행 성공시대

프랑스 항공클럽은 미국에 뒤떨어진 동력 비행기의 개발을 촉진하기 위해 유럽에서 개발한 동력 비행기가 처음으로 25m 이상을 비행하면 1천 프랑, 100m 이상을 비행하면 1천 5백 프랑, 그리고 1㎞ 이상을 비행한 다음에 출발지까지 돌아오면 5천 프랑의 상금을 걸었다. 또한 프랑스의 비행가로 동력비행에 관심이 많았던 **알슈테크**(Ernest Archdeacon : 1863~1950)도 25m 이상을 비행하는 동력 비행기에 대해 3천 프랑의 상금을 걸어 유럽의 동력비행을 촉진했다.

이에 도전한 것이 유럽 최초의 동력비행에 성공한 파리에 살던 브라질인 **산토스 뒤몽**(Alberto Santos Dumont : 1873~1932)이었다. 그는 브라질에서 큰 커피농장을 운영하고 있던 부유한 농장주의 아들로 1891년, 그는 18세 때 자동차를 연구하기 위해 파리로 건너왔다. 그러나 어릴 때 **쥘 베른**(Jules Verne : 1828~1905)의 공상과학소설《해저 2만 리》(1870)를 읽고 인간의 비행가능성을 믿고 있었다. 그는 자동차보다는 항공에 더 관심을 갖게 되어 기구와 비행선의 개발을 비롯하여 동력 비행기의 개발에 도전했다.

1904년, 라이트 형제가 동력비행에 성공했다는 소식을 들은 그는 미국으로 건너가 이 사실을 직접 확인했다. 파리로 돌아온 그는 1905년부터 본격적으로 동력 비행기의 개발에 착수했다. 1906년, 그는 오스트리아의 **하그레브**(Lawrence Hargrave : 1850~1915)가 1893년에 만든 상자 모양의 연에서 힌트를 얻어 앞쪽에 꼬리날개를 가진 상자 모양의 복엽기 **14비스**(14-bis)[23]를 개발했다. 이것이 유럽 최초의 동력 비행기였다.

뒤몽 14 비스 복엽기우표
(브라질 1956)

---

23) **14-bis** 길이 9.70m, 폭 11.20m, 총중량 300kg, 앙투아네트 수냉 8기통 V형 1기, 50마력, 시속 40㎞, 승원 1명.

상자모양의 날개를 가진 뒤몽의 14비스

뒤몽은 1906년 10월 파리 교외에 있는 바가텔 광장에서 24마력의 앙투아네트 엔진을 장비한 **14비스** 단발복엽기로 첫 실험비행을 했다. 그는 **비행선 14호**에 동력 비행기를 달고서 이륙한 뒤에 비행선으로부터 비행기가 떨어져 나가면서 비행하는 방법을 택했다. 이 동력 비행기는 첫 번째 실험비행에서 3m 높이로 5초 동안에 60m, 두 번째 실험비행에서 7초 동안에 82m, 세 번째 실험비행에서 21초 동안에 220m를 비행했다. 이 세 번째 실험비행으로 그는 프랑스 항공클럽으로부터 알슈테크 상을 받았다. 그러나 그의 비행시간은 라이트 형제가 첫 비행 때 달성한 비행시간의 절반 수준에도 미치지 못했다.

◐ 유럽 최초의 동력비행에 성공한 뒤몽의 14비스(1906)

상자 모양의 날개를 뒤몽의 **14비스** 단발복엽기는 길이 2.5m의 알루미늄 프로펠러가 매분 900번을 회전하여 시속 40km로 비행할 수 있었다. 뒤몽의 동력비행이 성공하고 4개월 뒤인 1907년 3월에 보아상이 동력 비행기로 60m를 비행했고 1907년 11월에 앙리 파르망이 유럽에서 처음으로 계속비행 1분의 벽을 깼고 1908년 7월에 루이 블레리오가 8분 동안 비행하는 기록을 세웠다.

그러나 1908년, 윌버 라이트가 **라이트 A형**으로 파리에서 공개 비행하면서 높이 1,200m로 1시간 이상을 비행함으로써 뒤몽을 비롯하여 유럽의 비행가들이 세웠던 비행기록이 모두 깨져버렸다. 이에 자극을 받은 뒤몽은 날개 폭 5m, 무게 117kg의 기체에 20마력 엔진을 장비한 소형 단엽기 **드모아젤**(Demoiselle =잠자리)을 개발하여 8km를 비행했다.

유럽 하늘의 개척자였던 뒤몽은 기구, 비행선, 단엽기, 복엽기 등 다양하게 비행장치를 개발했을 뿐만 아니라 직접 조종하여 비행했다. 그는 비행장치의 개발자인 동시에 모험자였다. 1910년, 그의 명성이 절정에 이르렀을 때 그는 항공계를 떠나 여생을 파리 교외에서 조용히 보냈다. 그는 인류의 오랜 꿈을 실현시켜 준 비행장치가 인류에게 새로운 행복의 길을 열어 줄 것으로 믿었다. 그러나 이들 비행장치가 제1차 대전에서 무서운 전쟁 무기가 되어 도시를 파괴하고 사람의 목숨을 빼앗아 가는 악의 수단으로 이용되는 것에 책임을 느끼고 브라질로 돌아갔다. 그곳에서 그는 매우 불우한 여생을 보내다가 결국 스스로 목숨을 끊고 말았다.

산토스 뒤몽이 실험비행을 했던 파리 시내 브로뉴 숲 가까이에 있는 바가텔 광장은 현재 시민들의 운동장으로 사용되고 있으며 그 모퉁이에 그의 유럽 최초의 동력비행을 기념하는 기념비가 서 있다. 그가 처음 개발한 단발목엽기 **14-비스**는 현재 프랑스의 에스카드릴 드 수베니어 항공박물관에서 전시되고 있다.

20 커티스의 동력비행 도전

최초의 공인비행기록의 수립

GLENN HAMMOND CURTISS

라이트 형제와 뒤몽에 이어 동력비행에 도전한 것은 미국의 **글렌 커티스**(Glenn Hammond Curtiss : 1878~1930)였다. 1908년 7월 그는 직접 개발한 동력 비행기로 비행하여 성공했다. 원래 오토바이 공장의 주인이면서 오토바이 경주의 선수였던 그는 비행기에도 관심이 많았다. 그는 라이트 형제에게 오토바이용 가솔린 엔진을 사용하면 훨씬 강력한 비행기용 엔진이 될 수 있다고 권했다. 그러나 라이트 형제로부터 아무런 반응이 없자 그는 직접 동력 비행기의 개발에 착수했다.

1906년, 그는 전화기의 발명자 **그레이엄 벨**(Alexander Graham Bell)의 협조를 얻어 항공실험협회(AEA: Aerial Experiment Association)를 설립했다. 1908년 6월, 그는 커티스 V형 8기통 40마력 엔진을 장비한 추진식 복엽비행기 **준 버그**(June Bug)를 개발하여 실험비행에 성공했다. 그해 7월, 그는 뉴욕주의 해먼즈포트에서 시속 60㎞의 속도로 1분 42초 동안에 1,530m를 비행하여 미국에서 최초로 공인비행기록을 세워 사이언티픽 아메리칸 트로피(Scientific American Trophy)를 획득했다. 매우 폐쇄적이었던 라이트 형제가 자기의 비행기록을 전혀 공개하지 않았기 때문에 커티스가 최초의 공인비행의 영광을 차지한 것이다.

같은 해 11월, 그는 강물에서도 뜨고 내릴 수 있는 플로트를 장비한 수상기 **룬**(Loon)을 개발했으나 비행에는 실패했다. 그 뒤, 1909년 봄 커티스는 **해링**(A.M. Herring)과 함께 미국 최초의 항공기 제조회사인 커티스 해링사(Herring Curtiss Co)를 설립하여 본격적으로 비행기의 제조에 착수했다. 그 첫 작품이 그해 5월에 개발한 **골드 버그**(Gold Bug)였다. 1909년 8월에는 새로 개발한 50마력의 커티스 V형 8기통 엔진을 장비한 **골든 플라이어**(Golden Flyer)로 프랑스 랭스(Rheims)에서 열린 제1회 국제비행대회에 참가했다.

이 대회에서 20km의 코스를 평균 시속 75.8km로 15분 50초에 비행하여 우승하여 **고든 베넷 컵**(Gorden Bennet Cup)을 획득한 그는 세계적으로 명성을 떨치는 영광을 안았다. 그러나 원래 독점력이 매우 강했던 라이트 형제는 커티스의 도전을 못마땅하게 여겨 그의 비행기가 자기의 특허권을 침해했다는 이유로 커티스를 고소하는 사태가 벌어졌다. 하지만 라이트 형제로부터 특허문제가 제기될 경우에 대비하여 커티스는 날개 끝에 삼각형의 작은 날개와 두 겹으로 된 날개 사이에 도움날개를 달았기 때문에 특허시비에서 벗어날 수 있었다. 그 뒤 유럽에서 성능이 우수한 비행기들이 잇달아 개발되어 라이트 형제의 전성기는 오래 가지 못했으며 1911년에 라이트 형제의 비행기 제조회사는 커티스 회사에 합병되어 커티스 라이트사로 이름이 바뀌었다.

커티스의 수상기 준 버그
(산 마리노 1962)

커티스의 최초의 수상기
준 버그(1908)

커티스의 동력비행 도전 | 099

1910년 5월, 커티스는 뉴욕 월드 신문사의 현상비행에 응모하여 뉴욕에서 올버니까지 240km의 거리를 **허드슨 플라이어호**(Hudson Flyer)로 도중에 연료보급을 위하여 두 번 착륙한 뒤 5시간 걸려서 목적지에 도착하여 상금을 획득했다.

그 뒤 그는 모형군함에 모의 폭탄을 떨어뜨려 비행기가 군함을 공격할 수 있다는 것을 보여주었다. 뿐만 아니라 커티스는 비행기에 무선기를 탑재하여 세계 최초로 비행 중에 지상과 무선통신을 하는 데 성공했다. 같은 해 10월 14일 순양함 **버밍햄 CL-2**(Birmingham CL-2)에 특별히 설치한 길이 25m의 갑판에서 골든 플라이어의 개량형으로 세계 최초로 군함에서 비행기를 이륙시키는 데 성공했다. 이어서 1911년 1월, 그는 샌프란시스코에서 순양함 '**펜실베이니아호**(Pennsylvania)'의 뒤쪽에 특별히 설치한 길이 36m의 갑판 위에 비행기가 내리는 데 성공했다. 이것이 오늘날 전쟁에서 절대적 위력을 과시하고 있는 항공모함의 시초가 되었다.

순양함 펜실베이니아의 함상에서 이착륙하는 커티스 복엽기(1912)

커티스의 수상기(1909)

1911년 1월, 커티스는 골든 플라이어의 개량형의 동체와 날개에 플로트를 장비하여 **커티스 수상기 A-1**[24]을 완성했다. 이것이 미 해군의 최초의 군용기로 채택되었다.

세계 최초의 동력비행에 성공한 라이트 형제의 비행기는 불과 8년 만에 자취를 감추고 말았다. 그러나 커티스는 수상기를 비롯하여 그 뒤에도 많은 비행기를 개발하여 미국의 비행기 제조 산업의 기반을 닦아 놓았으며 항공사상 많은 공적을 남겼다.

---

24) **커티스 수상기 A-1** 길이 8.7m, 폭 11.3m, 총중량 710kg, 커티스 수냉 V형 1기, 75마력, 시속 96km, 승원 1명.

커티스의 동력비행 도전 | 101

21 항공여명기의 비행기들

다시 유럽으로 옮겨진 항공무대

새로운 기술은 일단 발명되고 나면 그 이후 진보의 속도가 매우 빠르다. 라이트 형제가 인류 최초의 유인 동력 비행에 성공하고 나자 그 후 제1차 대전이 시작되기 직전까지 '항공 여명기'의 10년 동안, 우후죽순처럼 100여 종에 가까운 비행기가 개발되었다. 뿐만 아니라 보다 빨리 보다 높이 보다 멀리 비행할 수 있는 비행기들이 잇달아 개발되었다. 그 중에는 라이트 비행기보다 우수한 비행기도 많았고 빛을 보지 못한 채 사라져버린 진기한 모양의 비행기들도 있었다. 마치 세계 항공박람회를 개최하고 있는 것처럼 유럽의 하늘은 각종 비행기로 가득 찼다. 그래서 항공발달사상 이 시대를 '항공 르네상스 시대'라고 부른다. 유럽과 미국 각지에서 비행대회가 잇달아 열렸고 속도, 고도, 비행거리에 대한 기록 경쟁이 치열했다. 비행가로는 라이트 형제와 산토스 뒤몽을 비롯하여 미국의 커티스, 덴마크의 엘레함머, 프랑스의 보아상 형제, 루이 블레리오, 앙리 파르망, 레온 루바밧술 등이 유명했다.

항공초기의 비행기는 대부분이 목제골격에 두꺼운 천을 씌우고 버팀줄로 얽어 맨 복엽기였다. 엔진은 공랭식과 수랭식 엔진이 사용되었고 엔진의 본체에 프로펠러가 직접 연결되어 회전하는 방법으로 추력을 얻었다.

항공르네시대의 대표적인 비행기로 가장 많이 생산된 **보아상 파르망 복엽기**, 아름다운 모양의 **앙투아네트 단엽기**, 비행성능이 우수한 **블레리오 11형 단엽기**, 수상기의 시조 **커티스의 수상기**,

파르망과 보아상 복엽기우표 (몽골 1978)

제1회 파리 항공전시회(1912)
–정면에 기구, 왼쪽에 파르망 표준형, 오른쪽에 앙투아네트 전시

제1차 대전에서 정찰기로 활용된 **에드리히 다우베 단엽기**, 고속기로 유명한 **드프레뒤생 단엽기**, 거인기의 선구인 **시코르스키 그랜드호**, 우수한 연습기로 이름을 떨친 **아브로 복엽기** 등이 있었다.

걸작기 앙리 파르망의 표준형

뒤몽에 이어 동력 비행기를 개발한 것은 프랑스의 **가브리엘 보아상**(Gabriel Voison : 1880~1973)과 **샤를르 보아상**(Charles Voison : 1882~1912) 형제였다. 보아상 형제는 뒤몽보다 먼저 동력 비행기의 개발에 착수했다. 그러나 글라이더를 만들어 비행실험을 한 다음에 동력 비행기를 만들려고 했다가 뒤몽에게 유럽 최초의 동력비행의 영광을 빼앗겼다. 1907년 3월에 보아상 형제는 동력 비행기 보아상 1호를 개발하여 60m를 비행했다. 이 비행기는 수평안정판과 수직안정판이 있어 안정성이 우수했다. 다만 몸을 이동시켜 조종해야 했기 때문에 비행기를 선회시키는 데 어려움이 있었다.

1908년 1월, 보아상 형제는 비행기 설계에 뛰어난 프랑스 태생의 영국인 **앙리 파르망**(Henri Farman : 1874~1958)의 도움을 받아 선회성능이 우수하고 조종하기 쉬운 복엽기 **보아상 파르망 1형**(Voison-Farman I)을 개발하여 최초로 일주비행에 성공했다. 파르망이 일주비행을 한 장소가 지금은 헬리포트로 사용되고 있는 파리 15구의 이씨 레 물리노 광장이다. 그 모퉁이에 독수리가 날개를 펼쳐 앉아 있는 아래 보아상 복엽기에 앉아서 조종 봉을 잡고 있는 파르망이 조각되어 있는 기념비가 서 있다. 1908년 12월 보아상과 파르망은 일주비행 때의 경험을 살려 날개에 도움날개를 단 단발 복엽기 **보아상 표준형**[25]을 개발했다. 이 비행기는 성능과 안전성이 매우 우수하여 항공사상 최초로 대량 생산의 기록을 세웠다.

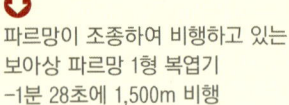

파르망이 조종하여 비행하고 있는 보아상 파르망 1형 복엽기 -1분 28초에 1,500m 비행

---

25) **보아상 표준형** 길이 12m, 폭 10m, 총중량 600kg, 앙투아네트 수랭식 8기통 V형, 50마력 시속 55km.

하늘의 귀부인 앙투아네트 단엽기

프랑스의 선구적인 비행기의 설계자 **레온 루바 밧술**(Léon Leva vasseur : 1863~1922)이 개발한 **앙투아네트**(Antoinette)26)는 아름다운 모양의 십자형 꼬리날개를 가진 견인식 단발단엽기였다. '하늘의 귀부인'이라는 애칭이 붙어있는 이 비행기는 처음으로 효과적으로 양력을 얻기 위해 날개 끝에 삼각형의 도움 날개를 달았다. 1908년 2월에 개발된 **앙투아네트 V형**은 선회성능이 우수하여 처음으로 하늘에서 원을 그리며 비행하는 우주비행에 성공했다. 1909년 5월 프랑스의 개최된 랭스 비행대회에서 2시간 17분 21초에 154㎞를 비행하여 장거리 비행의 세계 신기록을 세웠다. 1910년 11월에는 미국에서 개최된 볼티모어(Baltimore) 비행대회에서 1시간 이상 비행하는 기록을 세웠고 1911년 1월에는 샌프란시스코의 금문만을 처음으로 횡단비행을 했다.

하늘의 귀부인 앙투아네트 단엽기

---

26) **앙투아네트 Ⅶ형** 길이 11.52m, 폭 12.8m, 무게 590kg, 앙투아네트 수랭식 8기통 V형, 50마력 시속 70㎞.

영불해협을 횡단한 블레리오 11형

Louis Blériot

프랑스의 루이 블레리오(Louis Blériot : 1872~1936)는 1908년 단발단엽의 블레리오 11(Blériot XI)[27]을 개발했다. 무게 300kg의 소형 목제기인 이 비행기는 공기의 저항을 줄이기 위해 단엽에 꼬리 부분이 가는 유선형이었다. 라이트 형제의 비행기는 날개 뒤에 프로펠러가 있어서 기체를 앞으로 밀어 비행하는 추진식 비행기였으나 블레리오 11은 프로펠러가 날개 앞에 있어 기체를 앞에서 끄는 견인식 비행기였다. 조종에 중점을 둔 라이트 비행기에 비해 수평과 수직 꼬리날개를 가진 블레리오 11은 안정성에 중점을 두었다. 비행 중에 좌우로 자유롭게 회전할 수 있어 이륙지점에 안전하게 돌아올 수 있었다. 1911년에는 100마력의 엔진을 장비한 블레리오 11이 시속 111km로 비행했고 1913년에는 160마력의 엔진을 사용하여 고도 5,880m로 비행하여 비행속도와 고도에서 세계기록을 세웠다.

1909년 7월 블레리오는 자신이 설계 제작한 블레리오 11을 직접 조종하여 처음으로 프랑스의 칼레로부터 영국의 도버까지 영불해협을 횡단해서 비행하는 데 성공했다. 인류 최초로 비행기가 바다를 횡단비행을 했다. 다음 해에 프랑스에서 태어난 페루인 **호르헤 차베스 다르트넬**(Jorge Chávez Dartnell : 1887~1910)이 블레리오 11로 2,000년 전에 한니발이 악전고투 끝에 넘은 알프스를 횡단비행 하는 데 성공했다. 이 비행은 스위스의 브리크와 이탈리아의 밀라노까지 비행거리가 120km나 되었으며 고도가 3,000m가 넘는 알프스의 횡단비행이었다. 당시 사용했던 비행기는 현재 파리의 국립 과학박물관에 전시되어 있다.

---

27) **블레리오 11형 단발단엽기** 길이 8m, 폭 7.8m, 무게 300kg, 앙자니 엔진 1기, 25마력, 시속 75km

영불해협의 횡단비행에 성공한
블레리오 11형 단엽기(1909)

블레리오는 제1차 대전이 일어나기 전에 이미 40여종의 비행기를 개발하여 800대 이상을 제조했으며 대전이 일어나자 바로 군용기로 사용되어 서부전선에서 활약했다.

수상기의 개발

육상기에 이어 최초로 수상기(Hydroplane)를 개발한 것은 프랑스의 **앙리 파브르**(Henri Fabre : 1882~1984)였다. 그는 기체에 바퀴대신에 플로트를 달아 물위에서 뜨고 내릴 수 있는 수상기 **르 카나드**(Le Canard : 프랑스어로 오리라는 뜻)[28]를 개발했다. 수상기는 무게와 공기저항이 늘어나기 때문에 물위에서 뜨고 내리는 것이 육상기보다 훨씬 어려움이 많았다. 그의 수상기는 1910년 3월 마르세유 근처에 있는 베르 호수에서 약 300m의 물위를 활주한 뒤에 50m를 비행했다. 1911년에 프랑스 해군은 세계 최초로 수상기 모함이라고 할 수 있는 **라 포드르호**(La Foudre)를 취항시켰다. 항공모함의 원조라고 할 수 있다.

이어서 1911년 1월, 미국의 **커티스**(Glenn Hammond Curtiss : 1878~1930)가 수상기를 개발했다. 그의 수상기는 1910년에 정박 중인 순양함 버밍햄호의 갑판에서 최초로 이륙했으며 다음해에는 순양함 펜실베이니아호의 갑판 위에 착륙하는 데 성공했다. 1912년에 커티스는 최초의 비행정을 개발했다.

파브르의 수상비행기(1910)

28) **르 카나드** 길이 8.5m, 폭14.0m, 무게 380kg, 50마력 엔진 1기, 시속 80km, 1인승.

에드리히 다우베 단엽기

오스트리아의 기술자 **에드리히**(Igo Etrich : 1879~1967) 박사는 보르네오섬에 자라는 식물 자노니아의 종자가 안정하게 멀리 나는 데 힌트를 얻어 1910년에 견인식 단엽기 **에드리히 다우베**(Etrich Taube)29)를 개발했다. 꼬리날개가 없고 그 겉모양이 비둘기가 날개를 펴고 나는 것 같아 '하늘을 나는 비둘기'라는 별명을 가졌다. 이 비행기는 속도와 안정성이 우수했다. 제1차 대전 때 **에드리히 다우베**는 독일, 오스트리아, 헝가리의 정찰기로 활약했으며 처음으로 폭탄을 투하한 기록을 남겼다.

하늘을 나는 비둘기
에드리히 타우베 단엽기(1910)

29) **에드리히 다우베** 길이 10.2m, 폭 13.7m, 무게 650kg, 메르데스 다 임러 1기, 100마력, 시속 100km.

항공여명기의 비행기들 | 109

고속기 드프레뒤생

프랑스가 개발한 **드프레뒤생**(Depedussin)[30]은 최초로 동체를 목제 모노코크 구조로 만든 단엽기로 시속 200km의 고속기였다. 특징은 아름다운 선과 뛰어난 속도에 있었다.

1911년 6월 유럽 주유경기의 속도 경쟁에서 3위를 차지했다. 기체를 더 가볍게 하고 엔진을 보강한 개량기는 1912년 9월 시카고에서 개최된 제4회 고든 베넷 컵 비행대회에서 시속 174km, 1913년 9월 프랑스의 랭스에서 개최된 제5회 고든 베넷 컵 비행대회에서 시속 203km, 1913년 4월 모나코에서 개최된 제1회 슈나이더 컵 비행대회에서 시속 207km로 비행하여 우승했다. 이 단엽기가 고속으로 비행할 수 있었던 것은 14기통의 회전식 엔진의 고출력에 평방미터당 73kg이라는 큰 날개부담에 있었다.

⬆ 고속기 드프레뒤생 단엽기(1912)

---

30) **드프레뒤생** 길이 6.09m, 폭 6.65m, 총중량 450kg, 크놈 14기통 1기, 추진력 160 마력, 시속 200km, 승원 1명.

최초의 대형기 시콜스키 그랜드호

헬 리콥터 왕인 소련의 **이고르 시콜스키**(Igor I. Sikorsky : 1889~1972)가 1913년 최초로 호화로운 객실을 가진 4발의 대형 수송기 **시콜스키 그랜드호**(Sikorsky Grand)31)를 개발했다. 당시 대부분의 비행기가 1톤을 넘지 못했을 때 이 비행기는 무게가 48톤이나 되었다. 객실에는 테이블, 소파, 4개의 의좌에 화장실과 경의실이 있었으며 앞부분에 발코니가 설치되어 있었다. 1913년 8월, 그랜드호는 8명을 태우고 1시간 54분을 비행했다. 1914년, 시콜스키는 거인기의 원조인 16인승의 **이리아 무로메트**(Ilya Mourometz)를 개발했다. 이 대형 비행기는 밀폐식의 조종실과 객실을 갖춘 최초의 비행기였다.

IGOR I. SIKORSKY

최초의 4발 수송기
시콜스키 그랜드호(1913)

31) **시콜스키그랜드호** 길이 20.5m, 폭 43.5m, 무게 48톤, 엔진 4기, 추진력 100마력, 시속 88km.

항공여명기의 비행기들 | 111

22 역사에 길이 남을 랭스 비행대회

앞 다투어 개최된 각종 비행대회들

1908년의 라이트 형제의 유럽에서의 공개비행과 1909년의 블레리오의 영불해협 횡단비행 그리고 1910년의 샤레즈의 알프스 횡단비행의 성공이 하늘을 비행하는 것이 어렵다는 생각을 근본적으로 바꾸어 놓았다. 그리고 각국의 독지가나 신문사가 제공한 각종 현상금과 각국에서 개최된 비행대회가 항공 초기에 매우 유치한 단계에 있었던 비행기를 진보시키는 계기를 만들어 주었다.

1909년 8월 22일부터 29일까지 항공사상 최초로 비행대회가 개최되었다. 프랑스에서 개최된 제1회 랭스 비행대회(First Aviation Meeting at Reims)는 파리의 동북쪽에 자리한 상파뉴 지방의 와인 제조업자조합이 프랑스 대통령의 지원을 받아 랭스에서 개최한 비행대회로 항공사상 최초로 비행기록을 공인하는 국제비행대회였다. 모두 38대의 비행기가 참가했으며 그 중에서 23대가 실제로 비행하여 새로운 비행기록을 세웠다.

이 대회의 비행기록을 보면, 블레리오가 조종한 **블레리오 11형**이 시속 76.9㎞로 최고속의 기록을 세웠으며 파르망이 180㎞를 3시간 5분에 비행하여 최대 비행거리와 최대 비행시간의 기록을 세웠고 라담(Latham)이 조종한 **앙투아네트기**가 155m 높이로 비행하여 고도기록을 세웠다.

랭스 비행대회에 이어서 1910년에 로스앤젤레

슈나이더 컵

스 비행대회, 1912년에 영국 육군 비행기 실험경기대회, 1911년에 유럽 일주 비행대회, 1911~1913년에 영국 일주 비행대회, 1909~1911년에 골든 베넷 컵 비행대회(Gorden Bennet Cup Race), 1908부터 1913년까지 열린 슈나이더 컵수상기 비행대회(Schneider Seaplane Trophy), 1913년부터 1931년까지 해마다 열린 미슈렝 컵 쟁탈 비행대회(Michelin Cup)가 잇달아 개최되었다. 이들 비행대회 중에서 항공기술의 진보와 비행기의 기록갱신에 가장 큰 영향을 준 것은 슈나이더 컵 비행대회였다.

제1회 랭스 비행대회 포스터(1909)

항공초기에 개발된 23대의 비행기가 참가한 랭스 비행대회

시행착오로 끝난 진기한 비행기들

항공초기에 기발한 아이디어로 진기한 모양의 비행기가 많이 구상되고 개발되었으나 실패로 빛을 보지 못한 비행기도 많았다.

대표적인 진기한 비행기를 보면 영국의 **홀레이쇼. F. 필립스**(Horatio F. Phillips)의 **다엽기**(Venetian Blind Multiplane)(1904)를 비롯하여 루마니아의 발명가 **트라이얀 부야**(Traian Vuia : 1872~1950)의 박쥐 날개 단엽기(1906), **로숀**(J. W. Roshon)의 **다엽기**(Multiplane)(1907), **마키스 에퀴빌리**의 팬 형태의 다엽기, 프랑스의 **데그빌리**의 둥근 모양의 비행기 등을 들 수 있다.

1904년 필립스는 20장의 날개를 가진 다엽기를 만들어 런던에서 실험비행을 했으나 실패로 끝났다. 1907년에는 50장의 날개를

리 리차드의 둥근 날개 비행기 (1911)

114 | 동력비행 성공시대

가진 다엽기 **필립스 2호**를 만들었으며 이어 110장의 날개를 가진 다엽기를 만들었으나 비행에는 실패했다.

루마니아의 부야는 1903년에 '비행기 차(Airplane Car)'를 구상했으며 1906년에 동력비행장치 **부야 II**를 개발하였으나 비행에는 실패하고 점핑으로 끝났다. 모티마는 두개의 주익과 미익을 하나의 원형으로 연결한 원형기인 **세이프티**를 개발했고 프랑스의 데그빌리는 1908년에 비행이론을 무시하고 만든 기묘한 원형 구조의 비행기를 개발했다. 영국의 육군 장교였던 존 윌리엄 댄이 1910년에 비행기 고유의 안전성에 중점을 두고 꼬리 날개가 없는 무미익기를 개발했으며 영국의 악셀과 브록코는 복잡한 강관 구조의 비행기 세론을 개발했다.

무려 50장의 날개를 가진
필립스2호(1907)

역사에 길이 남을 랭스 비행대회 | 115

7 비행기 실용화시대

비행기가 처음으로 전쟁에 등장한 것은 1911년에 일어난 멕시코 혁명 때였다. 그 뒤, 1911~12년의 이탈리아·터키 전쟁, 1914년의 미국-멕시코 전쟁 때도 적진을 정찰하는 데 비행기가 사용되었다. 1911년 12월 이탈리아·터키 전쟁에서는 이탈리아의 조종사가 정찰비행 중에 터키군을 향해 수류탄을 떨어뜨린 것이 폭격의 기원이 되었다. 동력 비행기가 발명되고 8년 밖에 안 된 매우 유치한 상태에서 전쟁에 동원되었던 것이다.

비행 중에 권총으로 적기를 쏘고 있는
제1차 대전 초기의 공중전 장면

23 제1차 대전과 비행기의 실용화

전쟁을 통한 항공기의 실용화

비행기가 처음으로 전쟁에 등장한 것은 1911년에 일어난 멕시코 혁명 때였다. 그 뒤, 1911~12년의 이탈리아·터키 전쟁, 1912년의 발칸 전쟁, 1914년의 미국-멕시코 전쟁 때도 적진을 정찰하는 데 비행기가 사용되었다. 1911년 12월 이탈리아·터키 전쟁에서는 이탈리아의 조종사가 정찰비행 중에 터키군을 향해 수류탄을 떨어뜨린 것이 폭격의 기원이 되었다. 비행기가 전쟁에 사용되었다고는 하지만, 동력 비행기가 발명되고 8년 밖에 안 된 매우 유치한 상태에서 전쟁에 동원되었던 것이다.

1914년 7월에 일어난 제1차 대전은 연합국(영국·프랑스·러시아·미국)과 동맹국(독일·오스트리아·터키) 사이에 벌어진 인류 최초의 세계적 규모의 전쟁으로 1918년 11월에 대전이 끝날 때까지 약 4년 반 동안 계속되었다.

영국 전투기 로얄 SE 5(1916)

프랑스 뉴포르 17 전투기(1916)

이 전쟁으로 당시 독일의 20세 전후의 청년 약 40%가 목숨을 잃었고 전장에서의 사망자 수가 제2차 대전 때보다 더 많았던 끔찍한 전쟁이었다.

전쟁 전에 비행기는 단순히 하늘을 비행한다는 모험에 도전하고, 곳곳에서 열린 비행대회에 참가하여 누가 더 빨리, 멀리 비행할 수 있느냐를 서로 견주는 하늘을 비행하는 운동기구의 수준을 벗어나지 못했다. 그런 비행기가 전쟁이 일어나자 전쟁 무기로 사용되었고 하늘은 싸움터로 변했다. 제1차 대전에서 비행기는 대포, 독가스와 함께 3대 무기의 하나로 크게 활약했다. 대전 초기에는 대포가 위력을 발휘했으나 후기에는 비행기가 큰 역할을 했다. 제1차 대전 당시만 하더라도 대포를 이동시킬 때 끌 수 있는 자동차가 없어 말이 대신했다. 비행기는 나무 골조에 두꺼운 천을 입혀 만든 매우 빈약한 비행장치에 지나지 않아 대전 초기에는 비행기를 분해하여 말 수레에 싣고 대포처럼 전선 부근에 옮겨가서 재조립하여 사용했을 정도였다. 그만큼 비행기는 빈약했고 전쟁 무기로서의 이용가치가 낮았다.

정찰에서 시작하여 폭격까지

제일 먼저 비행기는 적진을 정찰하는 데 사용되었고 이어서 폭격에 사용되었다. 그러다가 정찰이나 폭격하기 위해 나타난 적기를 격추하기 위해서 전투기가 필요하게 되었다. 이렇게 비행기의 용도가 다양해지면서 그 목적에 맞는 각종 군용기가 개발되었다. 폭격기는 속도는 다소 늦더라도 많은 폭탄을 싣고 멀리 비행할 수 있어야 했고 전투기는 속도와 상승력이 우수하고 조종하기 쉬워야했다. 전쟁 초기에 비행기는 적군의 동정을 살피고 적진을 포격하는 데 필요한 정보를 얻어 알려주는 데 이용되었다. 1914년 8월, 러시아와 독일 사이에 있었던 타넨베르크 전투(Battle of Tannenberg)에서 러시아의 비행기가 적의 움직임을 정찰하여 지상에 알려주어 큰 성과를 올렸다.

전쟁 초기에는 비행기는 전투력을 구비하지 않은 채로 적지 정찰에 사용되었다. 정찰비행 중에 적의 정찰기와 공중에서 마주치면 처음에는 서로 손을 흔들거나 거수경례를 하면서 지나갔다.

독일 알바트로스 D III 전투기(1916)

점차 전쟁이 격심해지고 항공정찰의 효과가 나타나자 조종사는 처음에는 권총이나 소총으로 적기를 공격하는 초보 단계의 공중전이 시작되었고 나중에는 기관총까지 동원되었다. 폭격은 비행기에 폭탄을 싣고 가다가 흔들려서 터질까 봐 폭탄을 사용하지 않고 대신에 벽돌이나 철 덩어리를 싣고 가서 적진에 던졌다. 그 다음에 수류탄을 던지다가 폭탄이 개발되어 본격적인 폭격이 시작되었다.

전쟁이 본격화 되자 1915년 후반부터 공중전, 정찰, 폭격, 적진 공격, 지상부대 옹호 등 그 역할에 맞는 전투기, 정찰기, 지상공격기, 폭격기 등이 본격적으로 개발되었다. 성능도 크게 향상되어 속도가 빨라졌고 더 많은 폭탄을 싣고 더 멀리 비행할 수 있고 조종하기 쉬운 군용기가 잇달아 개발되었다. 전투기에는 기관총이 장비되었다.

폭탄을 손으로 던지고 있는 제1차 대전 초기의 폭격 장면

프랑스 스파드 S. VII(1916)

독일 포커 E III 전투기(1914)

초기의 공중전에서 사용된 기관총은 전투기의 앞에 있는 프로펠러가 손상되지 않도록 비행기의 옆이나 뒤에서 발사했다. 나중에는 동조기관총이 개발되어 회전하는 프로펠러 사이로 실탄을 발사할 수 있게 되어 공중전에서 위력을 발휘했다. 1916년부터 원거리 정찰기가 개발되어 포병은 무전연락을 받고 포격을 했다. 1917년에는 지상공격기가 개발되면서 직접 지상의 적을 공격했고 장거리 폭격기가 개발되어 적의 후방을 폭격하기에 이르렀다. 1917년 무렵에 각국은 전쟁에서의 비행기의 중요성을 재인식하게 되면서 비행부대를 보병부대와 별도로 편성했다. 1918년에 프랑스는 항공사단을 창설했고 영국은 최초로 공군을 육·해군과 분리하여 창설했다.

전쟁 4년에 18만대 군용기 생산

제1차 대전이 일어났을 때 독일이 250대, 프랑스가 160대, 영국이 70대 등 모두 합쳐서 500대 보유하고 있었다. 대전이 일어났을 때 군용기는 독일과 오스트리아의 에드리히 다우베 단발기뿐이었다. 대전 초기에 정찰기로 활약한 에드리히 다우베는 파리 상공에 나타나서 독일군이 곧 파리를 점령한다는 내용의 선전 삐라를 살포했다. 전쟁이 점차 치열해지고 전쟁무기로서 비행기의 활용가치가 높아지자 참전국들은 적극적으로 성능이 우수한 비행기들을 생산하였다. 대전 중에 생산된 군용기의 총대수가 17만 7천대에 이르렀다. 프랑스가 6만 8천대, 영국이 5만 5백대, 독일이 4만 7천대를 생산했다. 비행기의 군사적인 중요성을 인정하지 않았던 미국까지도 1만 5천대를 생산했다. 비행기가 무기로 사용되었다는 것이 유감이지만, 한편으로는 아직 유치단계에 있었던 비행기가 대전을 통해 실용화 되었고 각국의 항공기술이 비약적으로 진보하여 성능이 우수한 비행기가 잇달아 개발되어 항공기의 발달에 크게 기여했다.

영국 솝위드
카멜 2F1 전투기(1917)
체펠린 비행선
공격용 전투기

24 제1차 대전과 군용기의 발달

정찰기에서 폭격기까지

전쟁에 필요한 비행기는 속도가 빠르고 상승력이 뛰어나며 폭탄을 많이 싣고 멀리 비행할 수 있어야 했다. 속도가 빠른 비행기만이 적을 제압할 수 있었기 때문이다.

제1차 대전의 대표적 전투기는 독일은 **포커 E III** 단엽단좌 전투기[1915], 목제 모노코크 구조의 **알바트로스 D III** 복엽단좌 전투기[1916], **포커 D-VII** 복엽단좌 전투기[1917], '붉은 날개' **포커 Dr I** 삼엽단좌 전투기[1917], '하늘을 나는 면도칼'로 연합군이 가장 두려워했던 **포커 D VIII** 복엽단좌 전투기[1918]가 있었다. 영국은 B.E.2 단발복엽 전투기, '하늘의 기사' **로얄 S.E.5** 복엽단좌 중전투기[1916], **브리스톨 F2B 파이터** 복엽단좌 전투기[1916], '격투전의 왕자'로 선회 성능이 우수한 **솝위드 카멜** 복엽단좌 전투기[1917], 프랑스는 **모란느 솔니에 L형** 단엽 전투기[1915], **뉴포르 17** 단엽반단좌 전투기[1916], **스파드 S. VII** 복엽단좌 중전투기[1916] 등이 있었다.

대표적 정찰기에는 독일의 **에드리히 다우베** 단엽복좌 정찰기[1914], 영국의 **파날 판더** 정찰기, 프랑스의 **샘슨 2A2** 복엽정찰기가 있었다. 대표적 폭격기로는 독일의 **융커스 J-1 블레헤셀** 경폭격기[1915], **고다 G-IV** 쌍발복엽 중폭격기[1916], 영국의 **DH-4** 단발복엽 고속폭격 기[1916], **비커스 비미**[1918] 쌍발복엽 폭격기, **핸들리 페이지 V-1500** 쌍발복엽 중폭격기[1917], 프랑스의 **브레게-14** 단발복엽 경폭격기[1917], **파르망 F-60 골리아드**[1917] 쌍발복엽 중폭격기 등이 있었다. 대전 말에 러시아가 4발 중폭격기 **이리아 무로메트**를 개발했다.

124 | 비행기 실용화시대

영국 핸들리 페이지 V-1500(1917)

대전 초기에 시속 120㎞였던 속도가 대전 말기에는 시속 220㎞로, 고도는 6,120m에서 10,086m로, 항속거리는 1,020m에서 3,115m로 향상되었다. 엔진 성능도 전쟁 이전의 80마력에서 400마력까지 보강되었다. 폭격기의 성능은 최고속도가 시속 200㎞, 탑재중량 1톤, 항속거리 1,000㎞ 수준까지 향상되었다. 엔진의 신뢰성과 비행기의 안정성도 크게 높아졌다. 대전 초기에 목제기였으나 말기에 전금속제 비행기가 개발되었으며 기술혁신으로 동체는 모노코크 구조(Monocoque Construction)로 바뀌었다.

전투기는 1915년에 최초로 프랑스의 **모란느-솔니에 L형** 전투기가 기관총을 사용했으며 독일의 **포커 E I** 전투기가 프로펠러 동조기관총을 장비했다. 폭격기는 손으로 폭탄을 투하하는 방법으로 시작하여 전쟁 말기에는 최대 100㎏의 폭탄을 투하하는 수준까지 발전했다. 최초로 독일의 쌍발폭격기가 런던을 폭격한 것은 1917년이었으며 이때부터 전쟁이 끝날 때까지 독일군은 27회에 걸쳐 130톤의 폭탄을 투하했다. 연합군은 전쟁이 끝날 때까지 550톤의 폭탄을 독일의 공업지대와 비행장에 투하했다.

8 수송기의 근대화시대

제 1차 대전이 끝나고

제 2차 대전이 시작될 때까지

대전과 대전 사이의 20년 동안은

항공발달사에 있어서

큰 변화의 시대였다.

참전국을 중심으로 전쟁을 통해

실용화 된 비행기를 이용하여

항공수송이 전개되었다.

항공수송은 제 1차 대전 이전에

이미 있었다. 최초의 항공승객은

1908년 5월 14일에 윌버 라이트가

조정한 라이트 복엽기에 동승한

찰스 W. 퍼나스였다.

탑승시간은 29초였다.

1927 뉴욕-파리 단독 무착륙
횡단비행한 린드버그(미국)

25 1920년대의 수송기의 발달

공중 유람으로부터 시작된 항공수송

▲ 포커와 여객기 F-7 우표
(루마니아 1979)

제1차 대전이 끝나고 제2차 대전이 시작될 때까지 대전과 대전 사이의 20년 동안은 항공발달사에 있어서 큰 변화의 시대였다. 참전국을 중심으로 전쟁을 통해 실용화된 비행기를 이용하여 항공수송이 적극적으로 전개되었다. 항공수송은 제1차 대전 이전에 이미 있었다.

최초의 항공승객은 1908년 5월 14일에 윌버 라이트가 조정한 라이트 복엽기에 동승한 **찰스 W. 퍼나스**(Charles W. Furnas :1880~1941)였다. 탑승시간은 29초였다. 유럽에서는 1911년 2월에 프랑스의 루이 블레리오가 처음으로 블레리오 11에 아이들을 태우고 8분 동안 비행했다. 소련에서는 1913년에 4발 시콜스키 그랜드호가 승객을 태우고 6시간을 비행했다. 승객이 탑승한 비행은 처음에는 유람비행으로 시작했다가 점차 항공수송으로 바뀌었다.

항공사상 최초로 요금을 받고 여객을 항공수송한 것은 독일의 체펠린이 설립한 DELAG로 1912년 3월부터 이듬해 11월까지 25인승 체펠린 비행선을 이용하여 항공수송을 했다. 세계 최초의 여객기는 1912년 5월에 영국이 개발한 단엽기 **아브로F**(AvroF)로 창이 달린 밀폐된 객실과 밀폐된 조종실이 따로 있었다. 같은 해 오스트리아에서는 단발기 **에드리히 다우베**를 개조하여 2인승의 '에드리히 리무진'을 개발했다. 본격적인 여객기는 1913년에 러시아의 이고르 시콜스키가 개발한 4발 복엽의 **그랜드호**로 7명이 탈 수 있는 넓은 객실에 등나무 의자 4개와 소파, 식탁, 화장실, 난방장치를 갖추었으며 조종석 앞에 발코니가 있었다.

▲ 블레리오의 유람기에 탄 유람객들(1911)

이 여객기로 생트페데르부르크와 우크라이나의 키예프 사이를 비정기적으로 여객수송을 했다. 최초의 정기항공수송은 미국으로 1914년에 비행정인 2인승의 **베노이스트 14**^(Benoist)32)로 플로리다 주의 탬파와 센트 피터스버 간의 34.5km를 연결하는 정기노선을 개설하여 정기적으로 여객을 수송했다.

---

32) **베노이스트 14 비행정** 길이 7.9m, 폭 13.4m, 총무게 567kg, 시속 103km, 항속거리 280km, 객석 1석

1920년대의 수송기의 발달 | 129

파리-브뤼셀취항 선전포스터(1919)

여객기로 변신한 폭격기

본격적으로 여객기가 탄생하고 정기항공수송이 시작된 것은 제1차 대전이 끝난 직후 유럽에서였다. 대전이 끝나자 전쟁무기로 사용되었던 군용기는 거의 쓸모없게 되었다. 오랜 전쟁으로 참전국들은 재정이 파탄 직전에 놓이게 되어 대부분의 군용기는 폐기처분될 수밖에 없었다. 그 중 일부 폭격기만이 민간수송기로 개조되어 항공수송용으로 사용되었다.

처음으로 군용기를 민간수송기로 개조한 나라는 영국과 프랑스였다. 영국은 쌍발 복엽의 대형 폭격기 **비커스 비미**(Vickers Vimy)33)를 2인승의 객실을 갖춘 여객기로 개조했고, 프랑스는 쌍발 복엽의 폭격기 **파르망 고리아드**(Farman Goliath)34)를 중앙에 통로가 있는 객실에 12석의 좌석을 갖춘 여객기로 개조했다. 밀폐된 객실과는 달리 조종석은 오픈되어 있어 조종사는 산소 마스크와 전기난방식 비행복을 착용했으며 조종실에는 파라슈트가 비치되어 있었다.

폭격기를 개조한 파르망 고리아드 여객기의 객실(1919)

---

33) **비커스 비미 여객기** 길이 13.0m, 폭 20.42m, 무게 6,033kg, 롤스로이스 이글VIII 엔진 2기, 360마력, 시속 161km, 객석 2석.

34) **파르망 F-6고리아드** 길이 14.3m, 폭 26.5m, 총무게 4,870kg, 샘슨 CM9 공랭식 엔진 2기, 260마력, 시속 120km, 객석 12석.

정기항공수송의 시작

대전 후에 항공수송사업을 처음으로 시작한 것은 패전국인 독일이었다. 1919년 2월, 독일공수(DLR)는 2인승 정찰기를 개조한 AEG 단발 복엽기로 베를린-바이마르 간에 정기여객노선을 개설했으며 4월부터 항공우편수송을 개시했다. 이어서 1919년 3월에 프랑스 파르망사가 **파르망 고리아드**로 파리-브뤼셀, 그리고 8월에는 영국의 ATT사가 단발 복엽기 **DH-4A**로 파리-런던 간에 국제정기항공수송을 시작했다. 이때만 하더라도 런던을 출발한 여객기는 구름위로 솟아있는 에펠탑을 보고 목적지 파리에 도착했음을 알았다. 이렇게 시작된 항공수송사업은 유럽 전역에 확산되었다. 미국은 영국의 폭격기를 라이센스 생산한 **DH-4**를 사용하여 항공우편사업부터 시작했다가 나중에 여객 수송을 했다. 항공우편기에 착륙등을 장비하여 야간비행도 했다.

폭격기를 개조하여
파리-런던노선에 취항한
파르망 고리아드 여객기(1919)

전금속제 여객기의 탄생

△ 산소마스크를 쓰고 방한복을 입은 조종사

항 공수송이 활발해지자 1923년에 독일의 융커스(Junkers)사는 항공사상 최초로 전금속제의 단발 여객기 **융커스 F-13**[35]을 개발했다. 두랄루민 판으로 만든 기체에 표면을 독특한 양철물결 모양의 두랄루민 판으로 입힌 이 여객기는 3개의 창문이 달려 있는 밀폐식의 객실에 4개의 객석이 있었고 난방도 할 수 있었다. 목제 복엽기가 주류를 이루었던 당시에 금속제 단엽기가 개발된 것은 항공기술의 획기적인 진보였다.

비행기에 금속을 처음 사용한 것은 모자이스키로 1894년에 증기기관 동력 비행기에 두 개의 무거운 증기 엔진을 장비하기 위해 기체의 골조를 철강으로 만들었다. 전금속제 비행기는 제1차 대전 중인 1915년에 독일의 **융커스**(Hugo Junkers : 1859~1935)가 처음 개발했다. 그는 '하늘을 나는 전차'라고 불린 전금속제 지상공격기 J-1을 개발했다. 이처럼 금속제 비행기는 이전에도 있었지만, 전금속제 민간수송기는 F-13이 최초였다. 또한 F-13은 복엽기가 하늘을 지배하고 있던 시대에 단엽기로 만들어졌으며 완전히 밀폐된 객실과 조종실을 갖추고 있었다.

1919년 6월에 첫 비행한 이 여객기는 내구성과 비행성능이 우수하여 독일뿐만 아니라 전 세계적으로 널리 사용되었으며 1933년까지 323대나 생산되었다.

△ 융커스의 F-13과 쌍벽을 이룬 포커 F-7 3발 단엽여객기(1928)

---

35) **융커스 F-13 여객기** 길이 9.6m, 폭 17.75m, 무게 1,730kg, 메세데스 D Ⅲ 수랭식 엔진 6기, 추진력 180 마력, 시속 140km, 객석 4석.

최초의 전금속제 여객기 독일의 융커스 F-13(1919)

융커스 F-13에 이어 네덜란드의 포커사는 철관으로 된 골조에 목제합판을 입힌 단발단엽의 반금속제 여객기 **포커 F-2**[36]를 개발했고 1925년에는 개량형인 **F-7**을 완성했다. 저익단엽의 F-13과 고익단엽의 F-7이 전후 여객기의 쌍벽을 이루었다.

이어서 1927년에 미국의 록히드사가 획기적인 여객기 **베가(Vega)**[37]를 개발하였다. 이 여객기는 항공사상 최후의 목제기로 동체 내에 골조가 없는 달걀껍질 모양의 모노코크 구조에 유선형이었으며 시속 250km로 비행할 수 있었다. 베가는 34회에 걸쳐 각종 기록을 세워 기록수립의 명수라는 별명이 붙었다.

1920년대는 전금속제 여객기와 모노코크 구조가 개발된 것 외에는 항공기술이나 비행성능에 있어서 큰 진보는 없었다.

---

36) **포커 F-2 단발단엽 여객기** 길이 11.65m, 폭 16.10m, 총중량 1,900kg, 엔진 1기, 추진력 240 마력, 시속 100km, 객석 5석.
37) **베가** 길이 8.43m, 폭 12.50m, 총중량 1,829kg, 엔진 3기, 420 마력, 시속 274km, 객석 5석.

26 근대수송기의 탄생

미국 중심의 항공기의 근대화 혁명

1930년대는 미국을 중심으로 항공기술의 혁신전인 진보로 비행기의 근대화 혁명이 일어나 비행기의 속도, 탑재력, 항속거리가 크게 향상되었고 안정성이 매우 높아졌다. 1920년대에는 목조구조에 두꺼운 천을 입힌 날개를 가진 복엽기가 주류를 이루었다. 1930년대에는 모든 비행기가 강도가 높은 알루미늄 합금의 전금속제의 모노코크 구조와 유선형의 쌍발 단엽기로 바뀌었다. 뿐만 아니라 저항이 작고 큰 양력을 얻을 수 있는 두터우면서 작은 날개와 날개 뒷전에 고양력 장치인 플랩(flap)장치, 공기의 저항을 줄이기 위해 유압장치로 이착륙 장치를 동체 속에 접어 넣는 접개식 바퀴, 고도 11,000m 이상으로 높이 비행하면서도 객실 내에 지상에서와 같은 기압을 유지해주는 객실 여압장치, 항공기의 운항에 중요한 각종 항공계기가 개발되었다.

미국의 포드 5-AT 트라이 모터 3발 여객기(1926)

엔진은 공기가 희박한 고공에서도 충분히 산소를 공급하여 엔진 출력의 저하를 막아주는 과급기(super charger)가 달린 엔진이 개발되었다. 또한 옥탄가가 높은 항공연료의 사용, 비행 중 피치(pitch)를 변화시켜 다양한 비행 상태에 적응할 수 있는 가변 피치의 프로펠러 등이 실용화되었다. 그리고 무선전화, 방향 탐지기, 자이로관계 기기, 자동조종장치 등도 모두 이때 도입되었다.

이러한 혁신기술은 대부분이 1933년에 더글러스사가 개발한 **DC-2** 여객기에 도입되었다. 여압장치는 1938년에 보잉사가 개발한 **B-307 스트라토라이너**(Stratoliner)에 처음으로 도입되었다.

대전 직후에 유럽에서는 항공수송이 바로 시작되었으나 미국에서는 1920년대 후반에 이르러서야 시작되었다. 그러나 미국의 항공수송은 광대한 국토를 배경으로 급성장하여 미국 국내 항공여객의 수송량이 전 세계 수송량의 절반을 차지할 정도가 되었다. 이때 주로 사용한 여객기는 네덜란드의 **포커 F-7**을 미국에서 라이선스 생산한 12승의 **F-10**과 포드사가 개발한 얇은 알루미늄으로 만든 모노코크구조의 동체를 가진 15인승의 **포드 트라이 모터**(Ford Tri-Motor)38)였다.

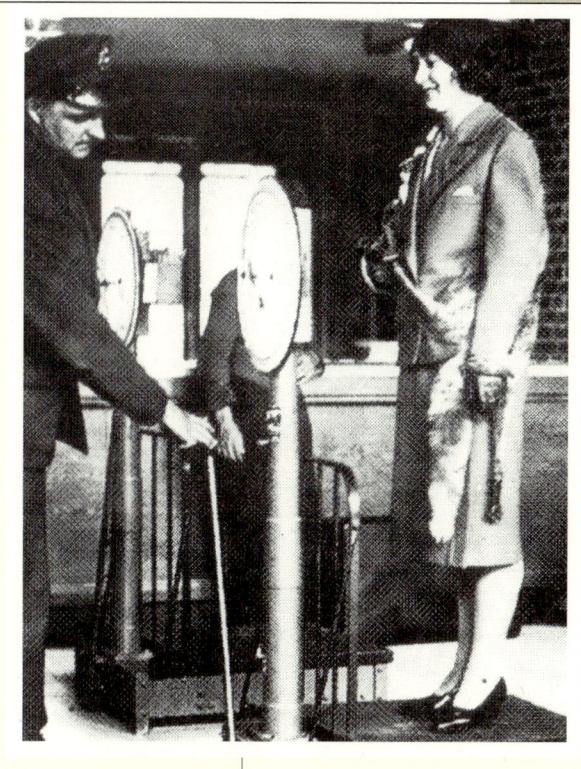

항공수송 초기에는 수하물만이 아니라 승객도 무게를 달았다

---

38) **포드 트라이 모터** 길이 15.3m, 폭 23.72m, 총중량 5,738kg, 로터리 엔진 3기, 추진력 180 마력, 시속 259km, 객석 15석.

근대수송기의 탄생

19 30대 후반에 항공사들의 경쟁이 심해지면서 보다 성능이 우수하고 안전성이 높은 여객기를 필요로 하게 되자 이에 맞추어 개발된 여객기가 1933년에 보잉사가 개발한 B-247[39] 그리고 록히드사가 개발한 L-10 엘렉트라(Electra)[40] 였다. 미국 유나이티드 항공사의 전신인 보잉 에어 트랜스포트사(Boeing Air Transport:BAT)는 60대의 B-247을 운항시켜 미국의 대륙횡단 정기수송을 독점하다시피 했다.

근대수송기의 원조 더글러스의 쌍발 여객기 DC-3의 조종실

---

39) B-247 길이 15.72m, 폭 22.56m, 총중량 6,193kg, 엔진 2기, 시속 304km, 항속거리 1,200m, 객석 10석.

40) L-10 길이 11.8m, 폭 16.8m, 총중량 4,760kg, 엔진 2기, 450 마력, 시속 325km, 객석 10석.

BAT와 치열한 경쟁을 벌이고 있던 트랜스 콘티넨탈 웨스턴 항공사(Transcontinental and Western Air)의 요청으로 더글러스사는 모노코크 구조의 동체를 가진 세련된 쌍발 여객기 DC-1[41]에 이어 1934년 5월에는 시속 270km에 경제성이 높우수한 여객기 DC-2[42]를 개발했다. 이어서 더글러스사는 DC-2보다 크고 14개의 침대를 갖춘 야간용 침대 여객기 DST(Douglas Sleeper Transport)를 개발했다. 이에 그치지 않고 더글러스사는 1936년에 근대 수송기의 원조인 21인승 쌍발 여객기 DC-3[43]를 개발했다. 이 여객기는 객실이 넓고 안락할 뿐만 아니라 경제성이 높았다. DC-3는 제2차 대전이 끝날 때까지 민간수송기로서 약 800대, 군용수송기로서 약 1만 2천대가 생산됐다.

🔶 근대 수송기의 원조
-미국 더글러스의 DC-3 여객기
(1936)

41) DC-1 길이 18.2m, 폭 17.06m, 총중량 7,938kg, 엔진 2기, 시속 373km, 12석.
42) DC-2 길이 19.1m, 폭 25.9m, 총중량 8,420kg, 엔진 2기, 시속 338km, 14석.
43) DC-3 길이 19.7m, 폭 29m, 총중량 10,800kg, 엔진 2기, 시속 370km, 21석.

4발 대형수송기의 등장

미국 더글러스의 DC-4 여객기우표
(중앙아프리카 1967)

이렇게 탄생된 근대수송기는 1930년대 말까지 더욱 발전하여 제2차 대전 직전에 성능이 우수한 4발 대형기로 발전하여 장거리 노선에 취항했다. 당시의 항공기술로 무게가 30톤을 넘는 대형기의 개발은 무리였다. 그러나 미국 항공사들의 강력한 요청에 의해 더글러스사는 1938년 6월, 4발 대형여객기의 표준형인 DC-4E[44]을 개발했다. 이 여객기는 여러 가지 새로운 기술을 도입했지만, 처음으로 자동조종장치를 도입한 것으로 유명하다. 그 뒤 더글러스사는 1942년 2월 DC-4E와는 다른 새로운 4발 대형여객기 DC-4를 개발했다. DC-4에 이어 미국 보잉사의 B-307을 비롯하여 영국의 4발 여객기 HP-42[45]와 비커스빅토리아 쌍발 여객기, 독일의 4발 여객기 **융커스 G-38**과 **융커스 JU-90**, 프랑스의 쌍발 여객기 **파르망 F-80**, 네덜란드의 4발 여객기 **포커 F-36** 등이 개발됐다.

근대 수송기의 평균 순항속도는 300km로 포드의 드라이 모터 보다 1.5배나 빨랐다. 미국대륙을 횡단비행 하는 데 포드기는 11번 중간기착하여 20시간 걸린 것을 근대 수송기는 3번 기착하여 17시간으로 비행시간을 단축시켰다.

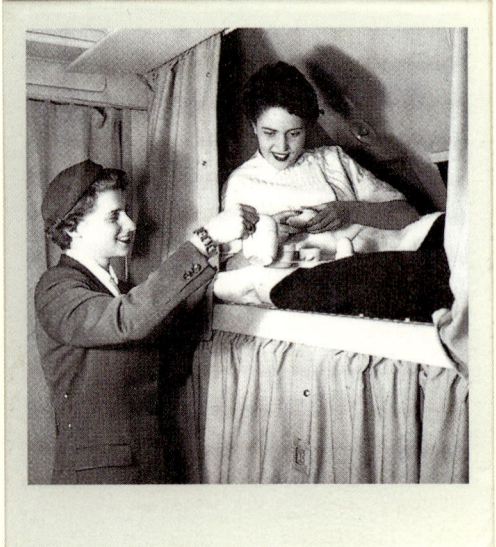

미국 더글러스의 DST
침대 여객기의 침대 객실(1934)

---

44) DC-4E 길이28.6m, 폭 35.8m, 총중량 33,100kg, 엔진 4기, 5,400마력, 시속 394km, 항속거리: 3,800m, 52석.

45) HP-42 길이 27.3m, 폭 39.6m, 총중량 13,400kg, 2,200마력 엔진 4기, 시속 204km, 33석.

더글러스의 4발여객기 DC-4(1942)

1930년대에 미국을 중심으로 시작된 비행기의 근대화 혁명은 제2차 대전이 일어나기 직전까지 속도, 고도, 탑재력, 항속력 등 비행성능을 크게 향상시켰고 엔진의 신뢰성도 크게 개선되었다. 비행시간이 단축되고 운항경비도 내려가 항공수송이 채산성을 맞출 수 있게 되었다. 여객기는 세계 주요 도시를 연결하는 새로운 교통수단으로서 기반을 굳혔다.

수송기의 근대화는 1930년대 후반에 미국의 보잉, 더글러스, 록히드의 3사가 개발한 근대수송기의 출현으로 항공수송이 본격화되면서 루프트한자[1926] 팬 아메리칸항공[1927], 아메리칸항공[1929], 스위스 항공[1931], 에어 프랑스[1933], 유나이티드항공[1934], 영국해외항공[1939] 등 많은 세계적인 항공사들이 설립되었다.

27 화려한 비행정 시대

장거리항로 개척의 선구자 비행정

19 30년대 후반은 대형 비행정의 황금시대였다. 1920년대에 다양한 수상기가 개발되었으며 속도가 육상기보다 더 빨랐다. 이어서 육상기의 바퀴나 수상기의 플로트 대신에 동체의 하부가 배처럼 된 **비행정**(Flying Boat)이 개발되어 대서양과 태평양 항로의 개척에 크게 기여했다. 1930년대의 근대수송기의 개발로 속도와 항속거리가 크게 향상되어 미국 대륙을 무착륙으로 횡단비행할 수 있었다.

그러나 이 정도의 성능으로는 태평양이나 대서양과 같은 장거

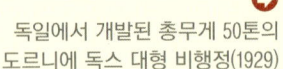

독일에서 개발된 총무게 50톤의 도르니에 독스 대형 비행정(1929)

리 대양을 무착륙으로 횡단비행하는 것은 무리였다. 1935년 이전에는 북대서양이나 남대서양을 횡단비행할 수 있는 여객기가 없었고 비행선만이 운항하고 있었다.

1938년, 뉴욕에서의 린덴부르크 비행선의 공중 폭발로 대서양의 횡단비행을 담당해온 비행선마저 운항이 중단되었다. 그러다 보니 항속거리가 모자라더라도 그리고 비행장이 없더라도 중간에 항구 가까운 바다에 착륙하여 연료 보급을 받을 수 있고 바다에서도 이륙할 수 있는 비행정이 대서양이나 태평양의 장거리 노선의 항공수송을 담당하게 되었다.

그렇다고 해서 대형 비행정이 반드시 안전한 것은 아니었다. 1936년 12월 6일, 남태평양을 횡단하여 정기항공노선에서 운항하고 있던 프랑스의 4발 대형 비행정 **라테코에르-300**(Latecoere-300) **남십자호**(Croix du Sud)가 엔진 고장으로 바다에 불시착한 후에 행방불명이 되어버렸다. 이 사고로 당시의 유명한 비행가 **메르모즈**(Jean Mermoz : 1901~1936)가 사고기와 운명을 같이했다.

대양노선 개척의 파이오니아가 된 대형 비행정

ROALD AMUNDSEN

그러한 가운데 전금속제의 모노코크 구조에 세련된 대형 비행정이 개발되었다. 독일의 쌍발단엽의 **도르니에 월**(Dornier Wall)을 시작으로 12발 단엽의 **도르니에 독스**(Dornier DoX) **비행정**[46], 영국의 4발 복엽의 **쇼트 엠파이어**(Short Empire), 미국의 **시콜스키 S-42**와 **마틴-130** 등이 대서양과 태평양의 장거리 노선을 비롯하여 각국의 정기항공과 미개척항로의 개발에 널리 사용되었다. 정기항공노선의 개척뿐만 아니라 북극항로의 개발에도 비행정이 이용되었다. 1925년 5월에 노르웨이의 **로알 아문젠**(Roald Amundsen : 1872~1928)이 도르니에 월로 노르웨이의 북쪽에 있는 스피츠베르겐을 출발하여 9시간 비행 후에 북극에 착륙했다.

1929년에 개발된 대형 비행정 **도르니에 독스**는 당시로는 러시아의 시콜스키가 개발한 4발 거인기 **이리야 무로메트**에 이어 항공사상 두 번째로 큰 대형수송기였다. 이 비행정은 그 크기가 B-747의 절반 정도이며 12개의 엔진을 장비한 전금속제의 3층 구조의 대형기였다. 당시 일반 폭격기나 대형수송기의 무게가 10톤 내외였을 때 이 비행정은 무게가 50톤이나 되었다. 당시 최신예 여객기였던 포커사의 슈퍼 유니버설이 6명밖에 못 태웠는 데 넓은 객실에 100명을 태울 수 있었다.

그러나 역시 획기적인 대형 비행정은 러시아혁명 후 미국으로 망명간 시콜스키가 1932년에 개발한 **시콜스키 S-40 비행정**[47]이었다. 이 비행정은 엔진을 날개의 앞전에 일렬로 장비함으로써 공기역학적으로나 형태적으로도 한층 진보해 있었다. 이 비행정의 출현으로 이후 대형 비행정은 모두 이러한 형태로 개발되었다.

---

46) **도르니에 DOX 비행정** 길이 40.1m, 폭 48.0m 총중량 5,600kg, 순항속도 1,175km, 항속거리 11,700km, 100석.
47) **시콜스키 S-40** 길이 23.4m, 폭 34.7m, 총중량 15,400kg, 순항속도 220km, 객석 40석

↑ 항공수송사상 최초의 스튜어디스(1925년대)

비행정의 황금시대

S-40은 당시의 항공계에 새로운 바람을 일으킨 비행정으로 팬 아메리칸(Pan American)항공의 대서양노선과 아프리카 노선에 취항했다. 1935년에 S-40의 기체, 꼬리날개, 플로트 등을 개량한 비행정 S-42가 개발되었다. 시콜스키 S-40 비행정과 함께 이 당시에 이름을 떨친 비행정이 미국의 마틴(Martin)의 M-130[48)과 영국의 **쇼트 엠파이어**(Short Empire) 비행정이었다. '차이나 클리퍼(China Clipper)' 혹은 '필리핀 클리퍼(Philippine Clipper)'라는 애칭을 가진 4발 대형 비행정 M-130은 팬 아메리칸 항공의 태평양노선에 취항했고 보잉의 4발 대형 수륙양용기 B-314[49)는 대서양 횡단노선에 취항했다. 1936년에 개발된 쇼트 엠파이어 비행정은 영국과 남아프리카 및 인도 경유 호주, 그리고 홍콩까지 연결하는 항공노선에 취항했다.

태평양노선 개설 포스터(1936)

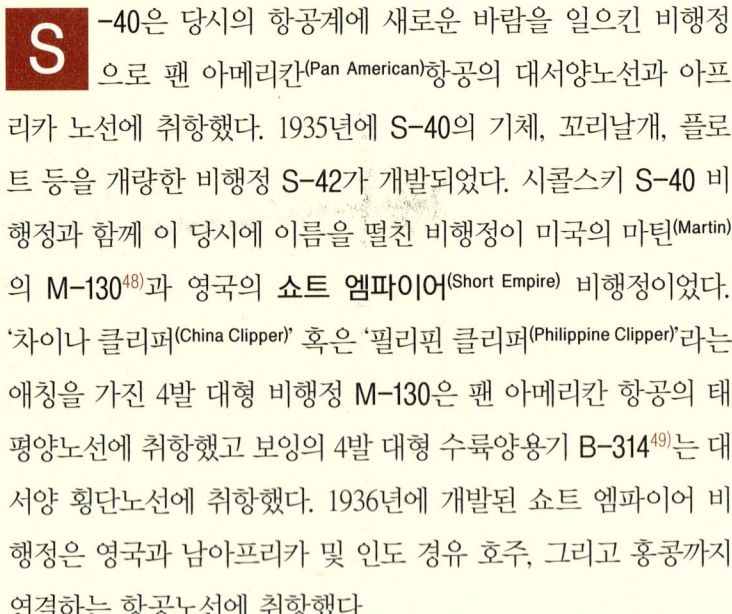
대서양노선과 태평양노선에 취항한 마틴사의 M-130 4발 대형 비행정(1936)

48) **마틴-130 비행정** 길이 27.7m, 폭 39.7m, 총중량 23,700kg, 엔진 4기, 830마력, 순항속도 300km, 항속거리 5,150km, 46석
49) **B-314 수륙양용기** 길이 32.33m, 폭 46.34m, 총중량 38,000kg, 엔진 4기, 1,600마력 시속 340km, 항속거리 5,896km, 68석

보잉사의 4발 대양횡단 수륙양용기
B-314(1934)

대양횡단항로는 대형 비행정에 의해 제일 먼저 남대서양 항로가 개척되었고 그 다음에 태평양 항로, 마지막으로 북대서양 항로가 개척되었다. 우선 우편물을 정기수송하기 위해 1934년 2월에 아프리카 서안과 브라질을 연결하는 남태평양 횡단항로가 독일 DLH 항공사의 **도르니에 월**에 의해 개척되었다. 1935년 11월에 팬 아메리칸 항공이 **S-42**보다 더 큰 4발 비행정인 **M-130**으로 샌프란시스코-호놀룰루-미드웨이-웨이크-괌-마닐라를 연결하는 태평양항로를 개척했고 1939년 5월에 미국과 유럽을 연결하는 북대서양 항로를 B-314가 개척했다. 이어서 팬 아메리칸 항공이 1936년 10월에 **M-130**으로 태평양 횡단항로를 개설했고 1939년 7월에는 **B-314**로 북대서양 횡단 항로를 개설했다.

28 장거리 항로의 개척

최초로 영불해협을 횡단비행한 블레리오

1920년대와 1930년대의 항공기의 급속한 진보와 함께 당시로서는 불가능에 가까웠던 미국 대륙의 횡단비행에 이어 대서양과 태평양 항로에 대한 개척이 적극적으로 전개되었다.

항공사상 최초로 비행기가 바다를 건너 비행한 것은 프랑스의 항공 선구자 블레리오였다. 그는 1909년 7월 25일에 **블레리오 11** 단발단엽기를 직접 조종하여 처음으로 비행거리가 38㎞나 되는 영불해협을 32분 걸려서 횡단비행했다. 로마제국의 율리우스 카이사르가 건너왔을 뿐 그 후에는 나폴레옹도 건너지 못했던 영불해협을 무게 300㎏밖에 안되는 소형 목제기가 하늘을 통해 국경을 넘어온 대사건이었다. 해협을 안전한 방위 벽으로 믿어왔던 영국은 물론 유럽 각국이 큰 충격을 받았다. 그로부터 6년이 지난 뒤에 영국 본토는 실제로 독일 공군의 공습을 받았고 영국인들은 비행기의 위력을 실감하게 되었다.

⬆ 영불해협 최초횡단비행 기념포스터

⬆ 블레리오와 그의 단엽기
(다호메 1979)

북대서양의 무착륙 횡단비행

블레리오의 영불해협 횡단비행에 이어 1911년에 **칼 로저스**(Cal Rodgers)는 미국 대륙의 횡단비행에 성공하고 나자 모험 비행가들의 관심이 북대서양의 횡단비행으로 옮겨졌다. 그 계기를 만든 것이 영국의 〈런던 데일리 메일〉이었다. 제1차 대전이 끝난 직후, 이 신문사는 당시의 항공기의 성능으로는 불가능에 가까웠던 북대서양의 무착륙 횡단비행에 1만 파운드의 상금을 걸었다. 북대서양항로는 비행거리가 3,000km가 넘는 장거리일 뿐만 아니라 기상변화가 매우 심한 항로였다. 더욱이 항법장비도 없었던 당시에 조종사의 눈에만 의존해서 북대서양을 무착륙으로 횡단비행하는 것은 매우 어려운 도전이었다. 그런데도 모험심이 강했던 당시의 비행가들은 죽음을 각오하고 이에 도전했다. 1919부터 28년까지 10년 동안에 북대서양의 무착륙 횡단비행이 42회 시도되었으며 그 중에서 성공한 것은 9회 뿐이었다.

최초로 대서양 횡단비행 중 아조레스에 도착한 미해군의 NC-4 수상기(1919)

장거리 항로의 개척 | 147

북대서양 무착륙횡단 비행한 알콕 기념우표(영국 1969)

최초로 북대서양의 횡단비행에 도전한 것은 미 해군의 **앨버트 리드**(Albert G. Read) 중위가 이끄는 3대의 커티스 NC비행정이었다. 1919년 5월 16일, 4발 비행정 NC-1, NC-3, NC-4 3대로 캐나다의 뉴펀들랜드를 출발했다. 그 중 NC-1과 NC-3는 도중에 탈락하고 NC-4만이 끝까지 비행하여 포르투갈의 아조레스 군도와 리스본, 스페인의 페롤을 경유하여 5월 31일에 영국의 프리마우스에 도착했다. NC-4는 10일 22시간 걸려 대서양을 횡단했으며 실제 비행시간은 26시간 46분이었다. NC-4는 북대서양의 횡단비행에 성공했으나 무착륙으로 횡단비행하지 않고 중간기착을 했기 때문에 현상금은 받지 못했다. 현재 NC-4는 플로리다 펜사콜라의 국립 해군항공 박물관에 전시되어 있다.

최초로 북대서양을 무착륙으로 횡단비행하여 데일리 메일의 현상금을 획득한 것은 영국의 **존 알콕**(John Alcock : 1892~1919)과 **아서 브라운**(Arthur W. Brown : 1886~1948)이었다.

북대서양 무착륙 횡단비행을 위해 뉴펀들랜드를 출발하는 비커스 비미(1919)

NC-4가 북대서양을 횡단비행한 한 달 후인 6월 14일에 알콕과 브라운은 제1차 대전 때 영국의 대표적 중폭격기의 엔진을 360마력으로 보강하고 8,650파운드의 연료를 실을 수 있도록 개조한 **비커스 비미**(Vickers Vimy) **FB-27**로 도전했다. 그들은 캐나다의 뉴펀들랜드를 출발하여 아일랜드 서해안의 클리프덴까지 3,040km에 이르는 북대서양 항로를 16시간 27분 비행하여 항공사상 최초로 북대서양의 무착륙 횡단비행에 성공했다. 두 사람은 데일리 메일의 현상금과 당시 영국의 국방부 장관이었던 처칠의 상금까지 합쳐 1만 3천 파운드를 획득했다. 이때 사용했던 비커스 비미는 현재 런던의 과학박물관에 전시되어 있다.

최초의 남대서양의 무착륙 횡단비행은 1927년 10월, 프랑스의 **코스테**(Dieudonne Costes :1896~1973)였다. **브레게-19** 단발 복엽기로 서아프리카의 세네갈-브라질 간의 3,460km를 19시간 5분에 비행했다.

북대서양 무착륙 횡단비행에 성공한 알콕과 브라운 석상 (런던 히스로 공항)

장거리 항로의 개척

태평양의 무착륙 횡단비행

1919년 11월 12일, 오스트레일리아의 비행가 **키스**(Keith)와 **로스 스미스 형제**(Ross Smith Brothers)는 비커스 비미 쌍발 복엽기로 영국의 하운스로를 출발하여 12월 10일에 오스트레일리아 북부의 항구 다윈에 도착했다. 16,528km의 장거리 항로를 27일 20시간(실제 비행시간은 135시간) 걸려 비행했다. 또한 이탈리아 공군은 제1차 대전 때의 폭격기로 사용했던 **카프로니**(Caproni) 3발 복엽기 3대와 정찰기 **안살도 즈바**(Ansaldo SVA)-9 단발 복엽기 5대로 로마에서 동경까지 16,700km에 이르는 장거리 비행에 도전했다. 2팀만이 108일(실제 비행시간은 109시간) 걸려서 5월 31일에 동경에 도착했다. 1923년 5월 2일에는 미국 육군항공대의 **존 마크레디**(John A. Macready)와 **오크리 케리**(Oakley G. Kelly) 중위는 미국 대륙의 무착륙 횡단비행에 성공했다. 1931년 10월 4일, 미국의 **클라이드 팡본**(Clyde Pangborn)과 **휴 헌던**(Hugh Herndon)이 425마력의 엔진을 장비한 **베란카**(Bellanca) 단발단엽기 **미스 비돌호**(Miss Veedol)로 일본 아오모리현의 사비시로에서 미국 서해안의 웨낫치에 이르는 7,335km를 41시간 13분 걸려 최초의 북태평양 무착륙 횡단비행에 성공했다. 단발기의 항속거리를 늘이기 위해 이륙 직후에 바로 바퀴를 떼어 내버리고 비행한 후에 내릴 때 동체 착륙을 했다.

태평양 횡단비행에 성공한 미스 비돌 석상

북극비행

인류 최초로 북극과 남극을 탐험한 노르웨이의 위대한 탐험가 **로알 아문센**(Roald Amundsen : 1872~1928)은 1925년에 N-225호 비행정으로 북극 비행을 시도했으나 실패했다. 그는 1926년 비행선 **노르게호**로 재도전하여 북극점을 가로질러 비행하는 데 성공했다. 1926년에 미국 항공대의 **리차드 바드**(Richard Evelyn. Byrd) 소령과 **프로이드 베넷**(Floyd Bennett)가 3발의 **포커 C-2**로 북극해에 있는 스피츠벨겐 섬을 출발하여 최초로 북극의 탐색 비행에 성공했다. 왕복 2,400㎞를 15시간 51분 비행하고 무사히 돌아왔다. 1929년 11월 28일에는 리차드 바드는 **포드 트라이모터**(Ford Trimotor) 3발기로 남극해의 미국 기지 리틀 아메리카를 출발하여 처음으로 남극점에 도달했다.

◐ 아문젠이 북극비행을 시도했던 비행선 노르게호(1926년)

세계일주 비행

항공사상 최초의 세계일주 비행은 린드버그의 대서양무착륙 횡단비행보다 3년이 빠른 1924년에 이루어졌다. 이 때 사용된 비행기는 미 육군이 세계 일주비행을 위해서 만든 더글러스사의 복엽 수륙교체기 **더글러스 월드 크루저**(Douglas World Cruiser) DWC-2였다. 이 비행기는 바퀴를 붙여서 육상기가 될 수도 있고 플로트를 붙여서 수상기로도 될 수 있는 특수기였다. 4월 6일 **마틴**(Martin) 소령이 이끄는 6명으로 구성된 특별 팀이 3대의 월드 크루저에 나누어 타고 시애틀을 출발했다. 북태평양-일본-동남아-유럽-그린란드-캐나다를 경유하여 9월 28일에 시애틀로 돌아왔다. 총 44,333㎞나 되는 장거리를 175일 동안에 371시간을 비행하여 항공사상 최초의 세계 일주 비행에 성공했다. 1929년에는 독일의 **체펠린 비행선**이 32,790㎞의 비행거리를 21일 7시간 34분 걸려서 그것도 도중에 세 곳만 기착하고 유유히 세계일주 비행에 성공했다. 1931년 6월, 미국의 **와이리 포스트**(Wiley Post)는 록히드의 단발기 **베가**(Vega)로 8일 15시간 51분 걸려서 세계일주 비행을 했으며 1933년 7월에는 7일 18시간 49분으로 단축하여 세계일주 비행기록을 세웠다. 포스트가 사용했던 베가는 현재 워싱턴의 국립항공우주 박물관에 전시되어 있다.

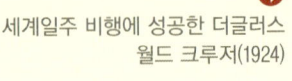

세계일주 비행에 성공한 더글러스 월드 크루저(1924)

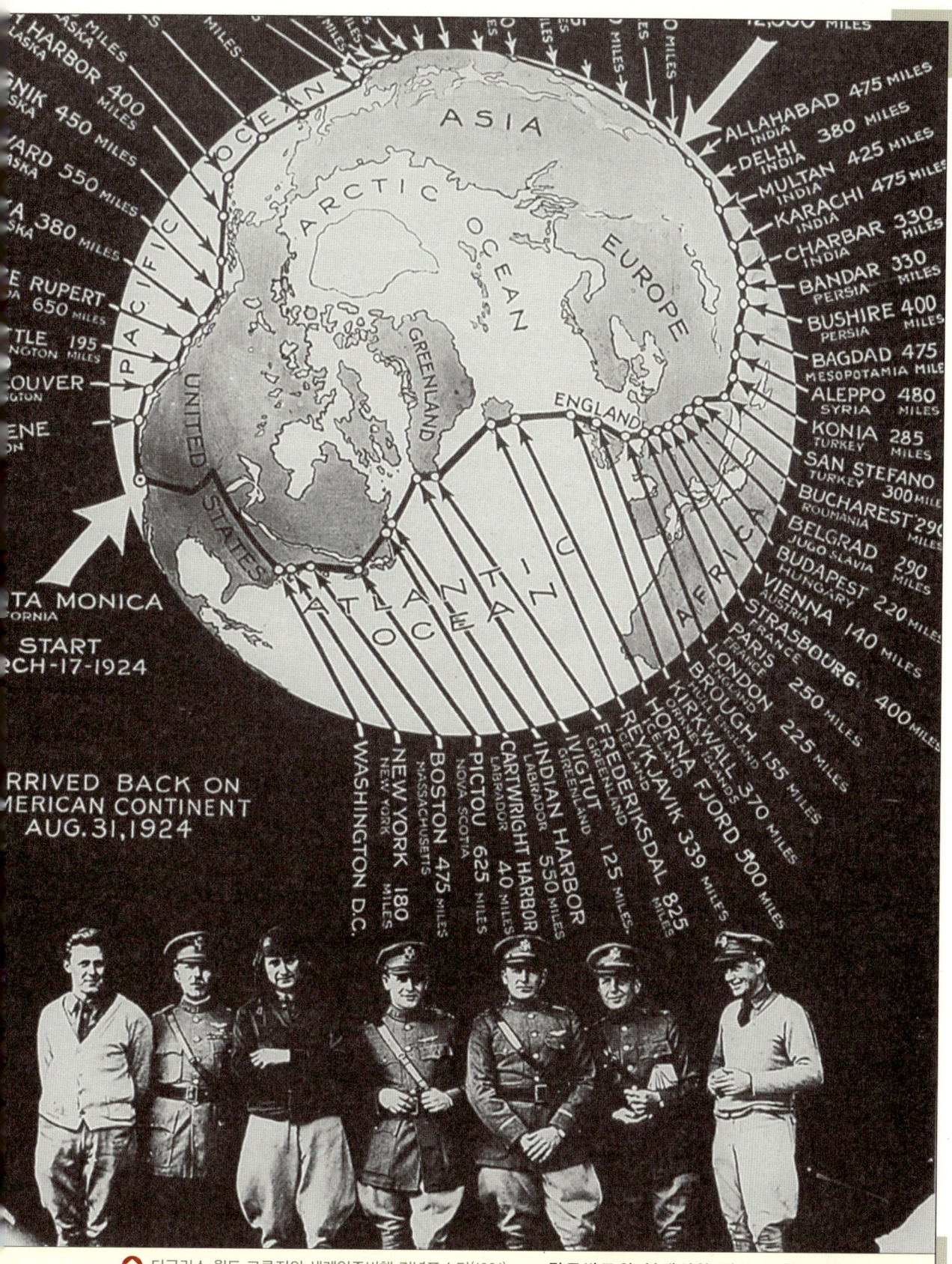

▲ 더글러스 월드 크루저의 세계일주비행 기념포스터(1924)　　린드버그의 북대서양 단독 무착륙비행 | 153

29 린드버그의 북대서양 단독 무착륙비행

린드버그의 죽음을 무릅쓴 모험비행

CHARLES A. LINDBERGH

최초로 알콕과 브라운이 북대서양 횡단비행에 성공하고 8년이 지난 1926년에 미국의 우편비행기의 조종사였던 무명의 **찰스 린드버그**(Charles A. Lindbergh : 1902~1976)가 항공사에 길이 남을 업적을 남겼다. 그는 소형의 단발기로 알콕이 횡단비행한 비행거리 보다 두 배나 되는 뉴욕-파리를 단독으로 무착륙 횡단비행했다. 당시 그의 나이 29세였으며 비행경력 4년에 비행시간이 2천 시간 가까이 되었다. 린드버그의 단독 횡단비행은 1909년의 **블레리오**(Louis Blériot)의 영불해협의 횡단비행과 1969년의 **닐 암스트롱**(Neil Am strong)의 달 착륙과 함께 항공사상 3대 사건으로 꼽히고 있다.

린드버그는 고향인 세인트루이스의 실업가들이 모금해준 자금으로 샌디에이고의 작은 비행기제조회사 라이안사(Ryan Flying Co.)에 의뢰하여 당시 우편수송용으로 사용하고 있던 **라이안 M-2**형 단발기를 뉴욕에서 파리까지 무착륙으로 횡단비행하는 데 적합하도록 개조했다. 그것이 바로 '스피릿 오브 세인트루이스호(Spirit of St. Louis)'라는 애칭을 가진 **라이안 NYP**(Ryan New York-Paris)[50]이었다. 이 비행기는 뉴욕-파리를 무착륙으로 횡단비행하기 위해 특별히 설계된 전금속제 단발기로 신뢰성이 높은 223마력의 공랭식 라이트 엔진을 장비했다.

---

[50] **라이안 NYP** 길이 8.4m, 폭 14m, 총중량 2,381kg, 223마력, 시속 208km, 항속거리 6,614km, 승원 1명.

린드버그의 대서양
단독 횡단비행 50주년 (미국 1977)

대서양횡단비행을 하고
돌아온 린드버그를
환영하는 뉴욕 시민들(1927)

그는 날개의 길이를 늘이고 기체의 무게를 줄여 연료소모가 덜 되도록 개조했다. 조종석이 기체 밖으로 나오지 않도록 하여 저항을 줄이고 날개뿐만 아니라 동체에도 연료를 실을 수 있도록 개조하여 2개의 연료탱크에 208갤런과 86갤런의 연료를 탑재했다. 구리관을 용접하여 만든 동체에 날개는 나무 골격에 두꺼운 천을 입힌 이 비행기로 그는 북대서양의 무착륙 횡단비행에 7번 도전했다가 실패하고 8번째 성공했다.

저것이 파리의 등불-단독 횡단비행에 성공

린드버그는 1927년 5월 20일 오전 7시 52분에 2,750파운드의 연료와 5개의 샌드위치와 약간의 비상식량 그리고 마실 물만 싣고 뉴욕의 루즈벨트 비행장을 출발했다. 넘실거리는 파도와 구름만이 보이는 대서양을 계속 비행했다. 최대의 적은 졸음이었다. 비행 중에 견디기 어려운 졸음을 극복해야 했고 때로는 짙은 안개나 구름을 피하기 위하여 고도를 높이거나 바닷물을 스칠 정도로 낮게 비행해야 했다. 린드버그는 5,809km나 되는 뉴욕-파리를 평균 시속 172km로 33시간 30분 걸려 다음 날 5월 21일 오후 10시 22분에 파리의 르 부르제(Le Bourget) 공항에 착륙했다. 6월 10일 뉴욕으로 돌아온 그는 '하늘의 영웅'으로서 뉴욕시민들의 대환영을 받았다.

린드버그가 사용했던 스피릿 오브 세인트루이스호는 워싱턴의 스미소니언 항공우주 박물관에서 전시되고 있다. 역사에 길이 남을 린드버그의 비행업적을 그린 영화 〈날개여, 저것이 파리의 등불이다〉는 린드버그의 뉴욕-파리 정복의 이야기를 담았다. 영화에 사용되었던 복제 비행기는 산디에이고의 린드버그 국제공항의 제2터미널에 있는 박물관에서 전시되고 있다. 뉴욕의 루즈벨트 비행장 곁에 있는 루즈벨트 경마장에 린드버그의 출발지점을 기념하는 입간판이 서 있다. 린드버그는 단독비행을 하면서 비행 중에 100여 페이지의 비행기록을 남겼다. 그것을 기초로 1927년에 그는 자서전 《The Spirit of St. Louis》를 출판했다.

⬇ 뉴욕 루즈벨트비행장에 있는 스피릿 오브 세인트루이스호의 출발지 기념입간판

대서양 단독 무착륙 횡단비행에 성공한 스피릿 오브 세인트루이스호(1927)

일반적으로 북대서양을 최초로 무착륙 횡단비행한 것이 린드버그로 알고 있다. 이것은 잘못된 것이다. 최초로 북대서양을 무착륙으로 횡단비행한 것은 린드버그보다 8년 전에 성공한 알콕과 브라운이다. 더욱이 린드버그가 횡단비행에 성공하고 2주 뒤에 미국의 **클레런스 챔벌린**(Clarence Chamberlin : 1893~1976)은 대서양 최초의 승객이 된 **찰스 레빈**(Charles A. Levine : 1897~1991)과 함께 **베란카**(Bellanca) 단엽기 **미스 컬럼비아호**로 비행거리가 6,294km나 되는 뉴욕-베를린을 무착륙 횡단비행하여 최장거리 비행기록을 세웠다. 그런데도 린드버그의 비행이 챔벌린보다 더 높은 평가를 받고 있다. 그 이유는 단독으로 비행했기 때문이다.

항법장치가 없었던 당시, 목표물이 아무 것도 없는 바다를 횡단비행하기 위해서는 천체를 관측하여 비행위치를 알 수 밖에 없었기 때문에 조종사와 항법사 2인으로 비행하는 것이 상식이었다. 그런데 린드버그는 단독으로 도전했다. 그의 이러한 영웅적 행동이 높은 평가를 받게 된 것이다.

9 비행기 혁신시대

제2차 대전에서 군용기는 정찰, 전투, 공격, 폭격뿐만 아니라 병력이나 군수물자의 수송에도 활용되어 전투기와 폭격기를 비롯하여 정찰기, 초계기, 수송기 등 임무별로 군용기가 개발되었다. 대전 초기에는 우수한 전투기와 폭격기를 가진 독일과 일본이 제공권을 장악했으나 전쟁 중반에는 우수한 전투기와 폭격기의 대량 생산으로 양적으로 우세해지면서 연합군이 제공권을 완전히 장악했다.

1940 히틀러의 독수리 작전에 대항하여 영국을 지킨 영국본토 항공전

30

제2차 대전과 군용기의 발달

제2차 대전의 승패를 좌우한 항공력

1939년 9월, 독일의 폴란드 침공과 1941년 12월, 일본 해군 기동부대의 진주만 기습으로 전 세계가 전쟁에 휩싸였다. 제2차 대전이 일어났다. 이 대전은 전략, 전술, 전투기술에 이르기까지 모든 면에서 전례를 찾아볼 수 없는 전쟁이었다. 특히 항공력이 승패에 결정적인 영향을 미쳤다.

제2차 대전에서 군용기는 정찰, 전투, 공격, 폭격뿐만 아니라 병력이나 군수물자의 수송에도 활용되어 전투기와 폭격기를 비롯하여 정찰기, 초계기, 수송기 등 임무별로 군용기가 개발되었다. 전투기의 고속화와 폭격기의 장거리 대형화가 이루어졌으며 전략폭격이 중요한 역할을 했다. 대전 초기에는 우수한 전투기와 폭격기를 가진 독일과 일본이 제공권을 장악했으나 전쟁 중반에는 우수한 전투기와 폭격기의 대량 생산으로 양적으로 우세해지면서 연합군이 제공권을 완전히 장악했다.

⬆ 데하빌란드 DH-50전투기
유인비행 200주년(세이셸 1983)

➡ 영국의 슈퍼마린 스핏파이어
단발 전투기(1940)

160 | 비행기 혁신시대

▲ 미국의 노스아메리칸의 P-51 무스탕 단발 전투기(1940)

제2차 대전 중에 연합국은 약 47만 대의 군용기를 생산했으나 일본, 독일, 이탈리아의 동맹국은 약 20만 대를 생산하는 데 그쳤다. 독일은 연합군의 노르망디 상륙과 전략폭격기에 의한 대대적인 폭격으로 1945년 5월에 항복했다. 일본은 미 공군의 일본 본토에 대한 본격적인 전략폭격과 B-29의 히로시마(廣島)와 나가사키(長崎)에 대한 원자폭탄의 투하로 1945년 8월 15일에 무조건 항복했다.

제1차 대전 말기에 전투기의 최대속도가 시속 200km였으나 제2차 대전 초기에는 시속 500km로, 대전 말에는 최대시속 750km로 향상되었다. 과급기(過給器)를 장비한 엔진의 개발로 상승한도가 1만m 이상 되는 전투기가 개발되었으며 분당 1,000m까지 상승할 수 있었다. 전투기의 무장도 7.7mm의 기관총에 13mm와 20mm 기관포가 장비되었고 대전 말기에는 폭격이나 전차에 대항할 수 있는 37mm와 50mm 기관포가 추가되었다. 또한 폭격기의 최고속도는 시속 350km, 폭탄의 탑재력은 3톤, 항속거리는 3,000km까지 향상되었으며 특히 탑재력이 증강된 4발 대형의 중폭격기의 개발로 전략폭격이 강화되었다. 폭격기에 레이더를 장비하여 야간이나 악천후에도 폭격비행을 했으며 폭격할 위치를 확인할 수 있는 전파유도장치도 개발되어 장비되었다.

◀ JU88 융커스 독일 폭격기

제 2차 대전과 군용기의 발달 | 161

31 제2차 대전의 대표적 군용기

전투기의 소형·고속화

제2차 대전 중에 전투기는 속도와 기동력을 향상하기 위해 단엽·단좌·단발의 소형고속전투기가 중점적으로 개발되었다. 대표적인 단발 전투기로 영국 본토 공방전에 크게 활약한 영국의 **호커 허리케인**(Hawker Hurricane)과 영공군의 주력기 **슈퍼마린 스핏파이어**(Super-marine Spitfire), 일본전투기를 가장 많이 격추한 미국 그루먼의 **F6F 헬캣**(Hellcat) 함상전투기, **리퍼브릭**(Republic) **P-47 선더볼트**(Thunderbolt), 제2차 대전의 최우수 전투기인 노스 아메리칸(North American)의 **P-51 무스탕**(Mustang)이 있었다. 독일 공군의 주력 전투기는 **메서슈미트 BF-109**와 **포케 불프**(Focke-Wulf) **Fw-190**였으며 일본은 미츠비시의 A6M 함상전투기 **제로센**(Zero-Sen)과 4식전투기 **질풍**(疾風) 등이 있었다. 단발 전투기는 최고속도가 시속 680km에 최대 항속거리가 2,400km에 이르렀다. 대표적인 쌍발전투기로는 미국의 P-61, 영국의 데 하빌랜드 **DH-98 모스키토**(Mosquito), 독일의 BF-110, 일본의 **이식복좌** 전투기가 있었다.

⬆ 폴란드 전투기 PZL P-26우표 (베트남 1988)

⬇ 일본의 미츠비시 AM6 제로센 전투기(1939)

162 | 비행기 혁신시대

일본의 야마모토 제독의
탑승기를 격추한
미국의 P-38 라이트닝 전투기

대형 중폭격기의 등장

항전 초기에는 단발의 경폭격기 외에 쌍발의 중형 폭격기가 개발되었으나 후반기에는 4발의 장거리 대형 중폭격기가 개발되었다. 대표적인 단발폭격기로 일본의 함상 공격기 B6N2 천산(天山), 쌍발 폭격기로 일본의 육상공격기 G4M2, 독일의 하인켈 He-111 및 He-177, 융커스 Ju-88가 있었다. 4발 대형 중폭격기는 영국의 **아브로 랭커스터**(Avro Lancaster), 핸들리 페이지 하리팩스, 미국의 B-17[51]및 B-29 등이 대표적이었다. 특히 '하늘의 요새(Flying Fortress)'라는 별명을 가진 미국의 4발 대형 중폭격기 B-17은 최고 시속 510km에 1만m 이상의 고공비행을 할 수 있어 유럽 전쟁에서 크게 활약했다.

---

51) **B-17 폭격기** 길이 30m, 폭 43m, 총중량 64,000kg, 엔진 공랭식 2,200마력 4대, 시속 576km, 항속거리 6,600km, 폭탄탑재량 4,500kg.

독일의 He-111 쌍발 폭격기(1940)

해전에 있어서는 항공모함이 개발되어 작전기가 항공모함으로부터 발진함으로써 작전 전개능력이 크게 높아졌다. 대전 말기에는 탑재능력이 크게 향상된 대형 전략폭격기가 개발되어 중요한 역할을 했다. 미국의 4발 대형 장거리 중폭격기인 보잉 **B-17**과 영국의 **아브로 랭캐스터**는 독일의 주요 도시를 밤낮을 가리지 않고 폭격하여 큰 피해를 주었다.

태평양의 제공권을 장악하는 데 주요한 역할을 한 것은 항공모함이었다. 1942년 6월에 있었던 미드웨이 해전에서 일본은 4척의 항공모함을 잃었고 1944년의 마리나 해전에서 대부분의 항공모함을 잃어 제공권을 완전히 연합군에게 빼앗기고 말았다.

B-29의 원자폭탄 투하

사 이판과 괌을 점령한 연합군은 대형 장거리 폭격기 B-29로 일본 본토에 대한 폭격을 본격적으로 단행했다. B-29의 원자폭탄 투하로 일본은 무조건 항복하고 말았다. 1942년에 개발된 '초공의 요새(Super Fortress)'라는 별명을 가진 대형 폭격기 B-29[52]는 제2차 대전 최고의 전략폭격기였다. 폭 43m, 길이 30m, 총 무게 64톤에 2,300마력의 공랭식 성형 18기통

↑
하늘의 요새
B-17 4발 폭격기(1940)

---

52) **B-29 폭격기** 길이 21m, 폭 32m, 총중량 22,373kg, 엔진 공랭식 1,000마력 4대, 시속 400km, 항속거리 5,230km.

일본 본토 폭격 및 히로시마에 원폭 투하한 B-29 중폭격기

엔진 4대를 장비한 이 폭격기는 최대 시속 550km, 고도 7,600m, 항속거리 5,230km로 11명의 승무원과 15톤 이상의 폭탄을 실을 수 있었다. 폭탄의 탑재력이 B-17의 거의 2배가 되었다. 항속거리가 길었기 때문에 B-29는 사이판을 출발하여 일본 본토를 폭격한 후에 다시 사이판으로 돌아올 수 있었다. 더욱이 공기가 희박한 10,000m 이상의 고공을 비행할 때 지상에서와 같은 기압을 유지할 수 있도록 조종실에 여압장치를 한 최초의 폭격기였다. B-29는 제2차 대전이 끝날 때까지 모두 3,970대가 생산되었으며 이 폭격기가 일본에 투하한 폭탄의 양이 약 17만 톤에 이르렀다.

군수물자나 군대를 수송하기 위한 수송기는 전투기나 폭격기의 우선적인 생산에 밀려서 대부분이 전쟁이 일어나기 전에 사용되었던 것을 그대로 사용했다. 대표적인 수송기로는 미국의 C-46, C-47, C-54, 독일의 융커스(Junkers,) 영국의 알바트로스(Albatross), 플라밍고(Flamingo)를 들 수 있다. 이들 군용 수송기는 최대 40명 정도를 탑승시킬 수 있었으며 시속 400km, 항속거리 4,600km의 성능을 갖고 있었다.

사활을 건 영국 본토 항공전

대전 초기에 프랑스를 점령한 독일은 영국의 상륙에 앞서 1940년 8월부터 10월말까지 3개월 동안 매일 평균 1,000대를 출격하여 영국본토를 폭격했다. 특히 8월 15일에는 520대의 폭격기와 1,270대의 전투기가 영국 전역을 대공습했다. '영국본토 항공전(Battle of Britain)'이라고 불리는 이 전투에서 독일은 20㎜ 기관포를 장비한 BF-109 전투기와 Ju-87 및 He-111 쌍발 중폭격기를 사용했으며 영국군은 50구경 기관총 8정을 장비한 **호커 허리케인**(Hawker Hurricane)과 **슈퍼마린 스핏파이어** 전투기와 레이더로 대응해서 영국을 위기로부터 구했다. 레이더로 독일 폭격기의 움직임을 사전에 모두 알 수 있었기 때문에 영국은 소수의 전투기로도 방어할 수 있었다. 이 항공전에서 영국 공군의 손실은 약 1,000대, 독일 공군의 손실은 2,000대에 이르렀다. 이 방공전을 주제로 해밀톤 감독의 영화 〈영국 본토 항공〉이 1970년대 초에 우리나라에서도 상영된 바 있다. 대전 중 소련의 라보치킨(Lavocskin)의 La-5는 1942년~1943년에 스탈린 그란드의 결전에서 독일의 전투기 Bf-109와 급강하 폭격기 **융커스 Ju-87**를 격퇴한 '스탈린 그란드의 구세주'였다.

대전 말기에 태평양 전쟁에 투입된 미국 P-51D **무스탕**과 미국 해병대의 찬스 보우트(Chance Vought)의 F-4U **커세어**(Corsair)는 최고의 성능을 갖춘 최신전투기로 일본본토를 기총 공격했다.

32 제트엔진의 발명과 제트군용기의 개발

제트엔진의 개발과 전투기의 제트화

제2차 대전이 항공발달사상 남긴 최대의 공적은 제트엔진과 레이더의 개발이었다. 라이트 형제가 동력 비행에 성공한 이래 40년 동안 사용해온 프로펠러기는 시속 700km가 한계였다. 음속에 도달하기 직전에 프로펠러가 파손되기 때문에 그 이상 속도를 낼 수 없었다. 그래서 개발된 것이 제트엔진이다. 제2차 대전 말기에 제트엔진이 개발되자 영국, 독일, 미국이 중심이 되어 제트전투기를 개발했다. 새로운 항공 시대가 시작되었다. 최초의 제트전투기는 1939년 8월에 개발된 독일의 **하인켈**(Heinkel) **He-178**[53]이었으며 뒤이어 메서슈미트(Messerschmitt) Me-262[54]가 개발되었다. 원래 전투기인 Me-262는 히틀러의 명령으로 폭격기로 개조하는 데 3년이 걸려 1943년 말 실전에 투입되었다.

⬆ 제트엔진을 개발한 영국의 프랭크 휘틀

---

53) **He-178 제트전투기** 길이 7.48m, 폭 7.20m, 총중량 16,200kg, 터보제트엔진 1기, 추력 450kg, 시속 700km

54) **Me-262 제트전투기** 길이 10.58m, 폭 12.5m, 총중량 3,800kg, 시속 870km, 항속거리 1,050km, 승원 1명

영국은 쌍발 제트전투기 **글로스터 미티어**(Gloster Meteor) MK-III를 개발했고 미국은 1944년 1월에 록히드사가 제트전투기 **F-80 슈팅 스타**(Shooting Star)를 개발했다.

독일 제트전투기인 Me-262가 전쟁에 배치된 것은 노르망디 상륙작전이 끝난 약 1개월 후인 1944년 7월이었다. 프랑스 상공을 비행하던 영국의 쌍발 전투기 **DH-98 모스키토**는 지금까지 본 적이 없는 초고속의 짙은 초록색의 쌍발 전투기의 공격을 받았다. 이것이 바로 실전에 첫 모습을 드러낸 독일의 제트전투기 **메세슈미트 Me-262**로 전쟁이 끝날 때까지 연합군에게 큰 위협이 되었다.

제2차 대전 말에 개발된 독일의 Me-262 제트 전투기

추력 900kg의 엔진을 장비한 Me-262는 고도 9,000m까지 상승하는 데 13분 걸렸고 최대시속 870km로 비행할 수 있었다. 제2차 대전 말기 독일 본토 야간 대공습시 주력기였던 미국 B-17 폭격기 편대를 호위했던 시속 740km의 연합군 고속 프로펠러 전투기를 무색하게 만들어 버린 것이 Me-262 제트전투기였다. 전쟁이 끝날 때까지 1,433대를 생산하였으며, 주간 전투기, 야간 전투기, 폭격기, 정찰기의 네 가지 종류로 개발되었고, 전투기형을 '슈발베(Schwalbe:제비)', 폭력기형을 '슈투름포겔(Sturmnvogel:바다제비)'이라고 불렀다.

🔻 제2차 대전 말기에 영국이 개발한 제트 전투기 글로스터 미티어

최초의 로켓 전투기

독일의 Me-262와 거의 같은 시기에 개발된 Me-163 코멧 (Komet:혜성)은 세계 최초의 실용 로켓 전투기였다. 길이 5.9 m, 날개 폭 9.32 m, 총 무게 4,275kg으로 꼬리 부분에 장비한 로켓 엔진은 추력이 2,000kg의 HWK-509 A형으로 시속 953km를 낼 수 있어 당시로서는 세계에서 가장 빨랐다.

그 외에도 독일은 무인 로켓 비행기 V1[55]과 V2[56]를 개발하여 런던을 공격했다. 이것은 현재의 미사일과 비슷한 무인 비행 폭탄으로 전쟁 중에 1만 발 이상 발사했지만, 원시적인 펄스제트(pulse jet)[57] 방식을 사용했기 때문에 속도가 시속 550km밖에 안되어 영국의 전투기나 지상포화에 의해 거의 절반은 도중에서 격추되었다. 특히 제트전투기 글로스터 미티어가 V1의 공격으로 위험에 빠졌던 영국을 구했다.

미국은 1944년에 시속 890km의 제트전투기 록히드 P-80 슈팅스타를 개발했으나 제2차 대전에는 참가하지 못했고 일본은 독일의 Me-262의 설계도를 토대로 전쟁이 끝나기 직전에 시속 677km의 제트기 키카(橘花:KIKKA)[58]를 개발했으나 전쟁이 끝나고 말았다. 이와 같이 제2차 대전 중에 이미 제트기가 등장하였기 때문에 대전이 끝난 뒤에도 각 국은 제트전투기와 제트폭격기의 개발을 서둘렀으며 제트기를 중심으로 한 항공기술 경쟁이 시작되었다.

---

55) **V-1** 길이 7.9m, 폭 5.3m, 최대직경 0.84m, 발사중량 2.2t, 항속거리 250 km, 시속 550km
56) **V-2** 항속거리 최대 350km, 시속 800km, 발사중량 14t
57) **펄스제트** 닥트 엔진의 일종으로 한 개의 닥트(duct)와 한 개의 공기흡입구로 된 간단한 구조의 제트엔진.
58) **KIKA** 길이 11.5m, 폭 13.7m, 무게 4,500kg, 항속거리 980km, 시속 850km

33 헬리콥터의 개발과 군용화

회전익 항공기의 개발

제2차 대전 말에 헬리콥터가 전선에 출현했다. 미군이 처음 사용했다. 헬리콥터는 프랑스어 '헬리코프델(Helicoptere)'에서 유래되었으며 그리스어의 '나선'이라는 뜻을 가진 '헬릭스(Helix)'와 날개라는 뜻을 가진 '프테론(Pteron)'이 합성한 것이 영어화되어 헬리콥터(Helicopter)라고 불리게 되었다.

헬리콥터의 역사는 오래다. B.C. 4세기 무렵, 중국에 손바닥에 끼워 돌려, 공중에 날리는 '대나무 잠자리'에서 시작하여 15세기, 레오나르도 다 빈치가 하늘을 비행하는 기계장치를 구상하고 스케치로 남겼다. 이것이 헬리콥터의 뿌리라고 할 수 있다. 19세기 초에 항공의 아버지 **조지 케일리** 경은 모형 헬리콥터를 만들었다.

➡ 덴마크인 엘레한마의 헬리콥터(1912)

오토자이로

19세기 후반에 많은 항공 선구자들이 증기기관을 탑재한 실험기를 만들었으나 실제로 비행하는 데는 실패했다. 1863년에 프랑스의 **본톤 다메크르**는 작은 증기 엔진을 장비한 헬리콥터의 실험비행에 성공했다. 실제로 조종사가 타고 회전 날개를 사용하여 지상에서 이륙하는 데 성공한 것은 1907년에 프랑스의 **폴 코르뉴**(Paul Cornu : 1881-1944)였다. 그는 앞뒤에 로터를 단 기체에 사람을 태우고 약 2m 높이까지 올라가서 약 20초 동안 공중에 정지하는 데 성공했다. 실제로 헬리콥터가 개발되어 처음으로 비행한 것은 1937년 독일의 하인리히 포케가 개발한 **포케 울프**(Focke-Wulf)의 **Fw-61**이었다. 공중체류시간이 1시간 20분 49초를 기록하여 최초의 실용 헬리콥터가 되었다. 또한 독일의 항공기술자 **안톤 프렛트너**(Anton Flettner : 1885~1961)도 헬리콥터의 설계·개발에 중요한 공헌을 했다. 헬리콥터가 최초로 비행에 성공한 것은 1937년 러시아에서 미국으로 망명한 **이고르 시콜스키**였다. 그는 1939년 단식 로터에 꼬리회전날개를 가진 근대 헬리콥터 **VS-300**을 개발하여 첫 비행에 성공했다. 1941년에 그는 Fw-61의 기록을 깨고 1시간 32분의 비행기록을 수립하였다. 그가 개발한 헬리콥터는 오늘날 볼 수 있는 헬리콥터의 기본형이 되었다. 헬리콥터가 처음으로 군용기로 사용한 것은 한국 전쟁에서였으나 본격적으로 사용된 것은 베트남전에서였다.

10

군용기의 제트화 초음속화 시대

전쟁을 통하여 더욱 고속화되고

비행성능이 크게 향상된

각종 군용기가 미국과 소련을

중심으로 개발되었다.

제 2차 대전 이후 군사항공의

발달에 큰 영향을 미친 것이

제트엔진과 레이더와 로켓이었다.

특히 제트엔진의 진보로 군용기의

모양과 성능이 완전히 바뀌었다.

1940년대의 전투기의 제트화

이어 1950년대에는 모든 군용기가

제트화 되었다.

1950년대 후반부터는 일부

전투기의 초음속화가 시작되었다.

1953 초음속 전투기 F-100 슈퍼 세이버(미국)

34 군용기의 제트화 (1950년대)

제트전투기의 격전장이 된 국지전

제2차 세계대전이 끝나면서 인류는 이 지구상에 영원한 평화가 지속되기를 염원했다. 그러나 그러한 바람은 산산이 부서져 버리고 미·소를 중심으로 동서로 나뉘어 대결하는 냉전시대가 시작되었다. 그런 가운데 세계 각지에서는 국지전이 그치지 않고 일어났다.

⬆ 초음속전투기 미그-23 (서사하라 1996)

➡ 한국전쟁에서 맹활약한 소련의 미그-15

최초의 국지전은 1950~53년의 '한국 전쟁'이었다. 이어서 1956년에 제2차 중동 전쟁인 수에즈 전쟁, 1958년에 대만해협에서의 대만·중국 공중전, 1965년과 1971년에 일어난 두 번의 인도·파키스탄 전쟁, 1965년~1973년의 베트남 전쟁, 1967년과 1973년의 제3차와 4차 중동 전쟁, 1980~1988년의 이란·이라크 전쟁, 1982년의 포클랜드 전쟁, 1990~1991년의 걸프 전쟁 그리고 2003년의 이라크 전쟁에 이르기까지 국지전이 그치지 않았다. 이들 전쟁을 통하여 더욱 고속화되고 비행성능이 크게 향상된 각종 군용기가 미국과 소련을 중심으로 개발되었다.

제2차 대전 이후 군사항공의 발달에 큰 영향을 미친 것이 제트엔진과 레이더와 로켓이었다. 특히 제트엔진의 진보로 군용기의 모양과 성능이 완전히 바뀌었다. 1940년대의 전투기의 제트화 이어 1950년대에는 폭격기, 정찰기, 수송기 등 모든 군용기가 제트화되었다. 더욱이 1950년대 후반부터는 일부 전투기의 초음속화가 시작되었다.

제트전투기의 선구자인 독일과 영국에 뒤이어 미국은 1944년에 최초의 제트전투기인 록히드의 **F-80 슈팅스타**(Shooting Star)를 개발했고 제2차 대전이 끝난 뒤인 1947년에 제트전투기의 표준형이라고 할 수 있는 미국 노스 아메리칸의 **F-86 세이버**(Sabre)를 개발했다. 소련은 1946년에 제트전투기 미코얀의 **Mig-9 파고**(Fargo)와 야코블레프의 **Yak-15**를 개발했고 1947년에는 시속 980km에 상승성능이 우수한 **MIG-15 파곳**(Fagot)을 개발했다.[59]

---

59) **미그(MIG)** 설계자인 알템 이바노빗치 미코얀(Artem Ivanovich Mikoyan)과 비행기의 제작 기술자인 미카엘 구레빗치(M. Gurevich)의 머리글자 'M'과 'G'를 따고 영어의 'and'를 뜻하는 'i'를 합쳐서 붙인 약자.

초음속 전투기의 출현

1953년에 처음으로 노스 아메리칸의 F-100 슈퍼세이버(Supersabre)전투기가 시속 마하 1.3으로 비행하여 음속을 돌파했다. 이듬해 마하 2.0의 록히드 F-104 스타파이터(Starfighter)의 개발을 시작으로 컨베어 F-106 델타다트(Delta Dart)까지 '센추리 시리즈(century series)'라는 이름으로 초음속 전투기가 잇달아 개발되었다. 소련은 1958년에 마하 2.0의 초음속 제트전투기 MIG-21 피쉬베드(Fishbed)를 개발했다.

뿐만 아니라 레이더의 실용화로 파일럿이 눈으로 볼 수 없는 거리에 있는 적기도 공격할 수 있게 되었고 전투기에 레이더를 장비한 전천후전투기가 개발되었다. 1948년 리퍼블릭의 F-84 선더젯(Thunderjet), 1949년 록히드의 F-94 스타파이어(Starfire)와 노스롭의 F-89 스콜피온(Scorpion) 등이 모두 전천후전투기이다.

1950년대에 미국을 중심으로 대형 전략폭격기가 개발되었다. 1951년 혁신적인 6발의 제트전략폭격기인 보잉의 B-47 스트래토젯(Stratojet)의 개발에 이어 1956년 핵공격을 목적으로 한 8발의 제트전략 초중폭격기인 보잉의 B-52 스트래토포트리스(Stratofortress)와 고속 폭격기로 음속의 2배로 비행할 수 있는 컨베어(Convair)의 B-58 허슬러(Hustler, 마하 3.0의 노스 아메리칸의 XB-70 발키리(Valkyrie)가 개발되었다. 더욱이 1958년에 개발된 리퍼블릭(Republic)의 F-105 선더치프(Thunderchief)는 핵 공격도 가능한 마하 2.1의 전투폭격기였다. 소련은 본토 방위에 역점을 두었기 때문에 전략폭격기를 개발하지 않고 쌍발폭격기만 개발했다.

⬇ 한국전쟁에서 맹활약으로 미그-15를 제압한 록히드의 F-86세이버 제트 전투기(1946년)

1950년에 일어난 최초의 국지전인 한국 전쟁이었다. 항공사상 최초로 제트전투기의 공중전이 벌어진 전쟁이었다. 전쟁초기에는 상승력과 가속성능이 우수한 소련의 MIG-15 제트전투기[60]가 미국의 F-80 [61]보다 우세했다. 그러나 전쟁 후반에는 속력과 상승력이 우수하고 레이더 조준장치를 장비한 F-86이 투입되어 유엔군이 제공권을 장악했다.

1956년 10월, 이집트의 수에즈 운하의 국유화 선언으로 시작된 '제2차 중동 전쟁(수에즈 전쟁)'에서 이집트의 주력기는 소련제 최신 제트전투기 MIG-17 프레스코(Fresco)이었으며 이스라엘의 주력기는 프랑스 다소의 최신 제트전투기 미스테르-IV(Mystére)이었다. 이 전쟁은 신구 제트전투기의 성능 실험장이었으며 치열한 공중 대결장이었다.

국부군(중국국민당의 군대)의 군사요새 금문도에 대한 중공군의 포격으로 시작된 1958년의 중화민국과 중국간의 공중전에 최초로 미사일이 등장했다. 국부군의 F-86과 중공군의 MIG-17과의 공중전에서 전투기의 제트화로 속도가 빨라지고 선회 반경이 커지면서 종래의 기관총 대신에 로켓에 유도장치를 장비한 초음속 단거리용 공대공 미사일(AMA: Air to Air missile)이 사용되었다.

---

60) **MIG-15 단발 제트전투기** 길이 10.1m, 폭 10.0m, 총무게 4,960kg, 속도 1,075km, 엔진 1기.
61) **F-80C 단발 제트전투기** 길이 10.5m, 폭 22.1m, 총무게 7,646kg, 속도 660km, 엔진 1기. 항속거리 1,930km

35 군용기의 초음속화 (60~70년대)

군용기의 초음속화

19 60년대 이후 군용기의 특징은 군용기의 초음속화와 전자장치 및 레이더를 이용한 전천후군용기의 개발에 있었다. 터보팬 제트엔진이 실용화 되면서 1964년에 미국은 지대공 미사일로도 공격할 수 없는 2만m 이상의 고도에서 시속 마하 3.0으로 비행할 수 있는 초음속 전략정찰기인 록히드의 **SR-71 블랙버드**(Blackbird)를 개발했다. 소련은 1964년에 마하 3.2의 초음속전투기 **MIG-25 폭스배트**(Foxbat)를 개발했다. 한편 미 해군은 레이더망을 피할 수 있는 전천후 저공공격기 그루먼의 **A-6 인트루더**(Intruder)와 맥도널 더글러스의 **F-4 팬텀 II**(Phantom II)를 개발했고 영국 해군은 호커 시들리(Hawker Siddeley)의 **블랙번 버커니어**(Blackburn Buccaneer)를 개발했다. 이들 전천후 공격기는 전자장치를 개량하여 지금까지 계속 사용되고 있다.

1974년에 개발된 제너럴 다이나믹스(General Dynamics)의 **F-16 파이팅 팰컨**(Fighting Falcon)은 항속능력이 매우 우수했다. 최초로 플라이 바이 와이어(Fly-By-Wire)의 비행조종 시스템을 채택했으며 공대공 미사일로 10개의 목표물에 대하여 동시추적이 가능하고 공대지 미사일로 이동하는 지상목표물까지도 추격이 가능했다. 1977년에 개발된 소련의 대형 장거리 방공전투기 수호이(Sukoi)의 **Su-27 이글루스**(Egloos)과 **MIG-29 풀크럼**(Fulcrum)은 쌍발에 두 개의 수직미익으로 운동성이 매우 뛰어났다.

전략 폭격기(우말 퀴엔 1996)

초대형 전략폭격기의 개발

19 60년대에는 군용수송기의 대형화가 이루어졌다. 대표적인 예가 1964년에 개발된 미 공군의 록히드 C-141 스타리프터(Starlifter), 1968년에 개발된 록히드의 C-5 갤럭시(Galaxy)이다. 길이 75.5m, 탑재량 118톤이나 되는 갤럭시는 베트남 전쟁 이래 각 분쟁에서 위력을 크게 발휘했다.

초음속 제트전투기가 처음으로 전쟁에 투입된 것은 인도·파키스탄 전쟁이었다. 1965년 9월 1일에 선전포고도 없이 시작되어 3주간 계속된 이 전쟁에서 미국의 최신 초음속 전투기인 록히드의 F-104와 소련의 최신 초음속 전투기인 MIG-21이 등장했다. 그러나 초음속기 간의 공중전은 없었고 대만 해협의 공중전에 이어 두 번째로 미사일이 사용되었다.

맥도널 더글러스의 F-4 팬텀

발칸 전략폭격기 B-MK2

1964년 8월에 시작하여 1973년에 끝난 월남 전쟁에서 미 공군은 마하 1.3의 세계 최초의 초음속 제트전투기인 F-100과 F-105가 주력기로써 활약했다. 북베트남은 적외선 유도식의 공중전용 미사일인 AA-2 아톨로 무장한 MIG-21이 주력기였다. 미국은 F-4에 장비된 전파 유도식의 공대공 미사일인 AIM-7E 스패로우(Sparrow)로 대항했다.

1967년 6월, 제3차 중동 전쟁(6일 전쟁)에서 이스라엘은 개전 직후 전투기로 적의 비행장을 기습하여 이집트를 비롯하여 요르단, 시리아, 이라크 공군의 군용기를 모두 파괴해버렸다. 이 전쟁에서 이집트의 주력기는 공대공 미사일로 무장한 MIG-21 전투기와 수호이의 Su-17 전투폭격기였다. 이스라엘의 주력기는 프랑스제 미라주(Mirage) IIIC 전투 폭격기, 슈페르 미스테르(Super Mystère) B-2 전투폭격기였다. 이 전쟁에서 지대공 미사일, 공대공 미사일이 사용되었다.

1970대에는 베트남 전쟁에서의 경험을 살려 각종 군용기가 개발되었다. 1970년에 미 해군의 그루먼 F-14 톰캣(Tomcat)62), 1972년에 미 공군 최초의 공격기 페어차일드(Fairchild) A-10 선더볼트(Thunderbolt)63)와 맥도널 더글러스 F-15 이글(Eagle)64)이 잇달아 개발되었다. F-14는 가변익·쌍발 2인승의 함상 전투기이며 F-15는 단좌의 소형경량 다목적 전투기로 베트남 전쟁의 경험을 살려 소련의 신예 전투기 Su-15 및 MIG-25에 대항하기 위해 개발된 것이다.

1971년의 '제2차 인도·파키스탄 전쟁'에 이어 1973년에 '제4차 중동 전쟁'이 일어났다. 인도·파키스탄 전쟁에서는 초음속 전투기 MIG-21과 F-86F의 주도권 싸움이었다. 제4차 중동 전쟁은 지대공 미사일이 위력을 발휘한 전쟁으로 이집트의 지대공 미사일로 이스라엘의 F-4의 희생이 컸다.

B-MK2(튀니지 1952)

---

62) **F-14** 길이 18.6m, 폭 19.59m, 총중량 32,800kg, 시속 마하 2.34, 엔진 2기, 레이더 장비, 2인승.

63) **A-10** 길이 16.3m, 폭 17.5m, 총중량 9,770kg, 시속 720km5, 엔진 2기, 레이더 장비, 2인승.

64) **F-15** 길이 19.44m, 폭 13.0m, 총중량 30,800kg, 시속 마하 2.5, 엔진 2기, 레이더 장비, 2인승.

36 군용기의 발달 (80년대 이후)

최신 군용기의 대결장이 된 걸프 전쟁

제2차 세계대전이 전략폭격기의 대결장이었다면 제2차 대전 후는 미·소 양국간의 최신형 제트전투기의 대결장이었으며 미사일 성능의 실험장이었다. 1980년대의 신형 전투기·공격기는 다양한 전자장치를 탑재했으며 각종 시스템을 조작하는 파일럿을 지원하기 위해 조종실도 획기적으로 바뀌었다. 1990~91년의 걸프 전쟁과 2003년에 있었던 이라크 전쟁은 초음속 전투기, 장거리 전략중폭격기, 스텔스 전투기·폭격기 등 최첨단 군용기, 레이더 및 각종 전자기기, 로켓 및 미사일이 총동원된 전쟁이었다.

초음속폭격기 미라즈 3NG 우표 (탄자니아 1993)

초음속폭격기 미라즈 3NG

184 | 군용기의 제트화 초음속화 시대

세계 최초의 초음속 폭격기
컨베어 B-58(1954)

1990년 8월 2일 이라크가 쿠웨이트를 침공했다. 이에 대응하여 다음 해 1월 17일 다국적군이 이라크를 공격하는 '사막의 폭풍(Desert Storm)작전'으로 최첨단 핵무기와 군용기가 총 동원된 걸프전쟁이 시작되었다. 이 전쟁에서 이라크의 주력기는 MIG-25와 MIG-29, 그리고 수호이 Su-25였다. 미국과 영국을 중심으로 한 다국적군의 주력기는 F-14, F-15, F-16, F/A-18 호넷(Hornet) 같은 전투기, 록히드의 스텔스(Stealth)전투기인 F-117 나이트호크(Nighthawk), 페어차일드의 A-10 근접항공 지원기, 보잉의 B-52 전략폭격기 등이었다. 이 중 가장 눈부신 활약을 한 것은 적의 레이더에도 탐지되지 않는 록히드의 F-117과 헬리콥터 AH-64 아파치(Apache) 그리고 소형의 무인정찰기였다.

미국 해군의 주력기인 F-14는 1969년에 개발된 가변후퇴익의 초음속 전투기이다. 장거리 사정이 가능한 적외선 유도 공대공 미사일 사이드와인더와 M-61 발칸 기관포로 중무장을 한 함재용 전투기이다.

▲ 미국 대형 전략폭격기 B-52

미 공군의 주력 전투기인 **F-15**는 1972년에 개발된 초음속 전투기로 시속 마하 2.5의 고속으로 비행할 수 있으며 높은 상승력과 운동성능을 지니고 있는 세계 최강의 전투기이다.

F-16은 베트남 전쟁에서의 쓰라린 경험을 최대로 살려서 가볍고 상승력과 운동성을 높이기 위해 비행조종계통에 플라이 바이 와이어 시스템을 채택한 최초의 전투기이다. AIM-120 공대공 미사일과 20㎜ 발칸기관포로 무장했다.

F/A-18은 전투기와 공격기의 임무를 각각 수행할 수 있는 능력을 갖춘 미 해군의 주력기이다. 1985년에 개발된 이 전투기는 시속 마하 1.8로 비행할 수 있으며 각종 공대공 미사일과 20㎜ 발칸기관포로 중무장하고 있다. 이 전투기는 걸프 전쟁에서 고속 레이더 미사일(HARM)[65]이나 폭탄을 장비했다.

---

65) **함미사일** Highspeed Anti-radiation Missile

1964년 10월에 개발된 제너럴 다이나믹스의 전략폭격기 **F-111 아드바크**(Aardvark)는 공군의 장거리 폭격기와 해군의 함대용 전투기로 총 무게 40톤의 대형기이며, 최초로 가변후퇴익을 채택한 미 해군과 공군의 공용 전투기였다.

걸프 전쟁에서 미국은 전략 폭격기 **B-52**를 투입했다. B-52는 항속성능이 우수하여 걸프지역 주변국가에서 작전을 전개하지 않고 유럽으로부터 직접 발진하여 임무를 수행했다. 걸프 전쟁 중에 1,624대가 투입되어 25,700톤의 폭탄을 투하했다. 이 전쟁에서 투하한 폭탄의 29%에 해당는 양으로 B-52의 폭격능력을 알 수 있다.

이 전쟁의 특징은 미국의 최신 무기의 기밀이 소련으로 누설될 것을 염려하여 과거의 국지전에서는 사용하지 않았던 군용기나 무기를 총동원했다는 점에 있다. '사막의 폭풍' 작전에서 쿠웨이트와 이라크에 실시된 공중폭격의 규모를 보면, 각종 군용기의 출격 회수가 1개월에 7만 회를 넘어 한국 전쟁이나 베트남 전쟁과는 비교도 안 되는 집중폭격을 단행했음을 알 수 있다. 한편 이 때문에 걸프 전쟁에서 미국이 필요 이상으로 최신에 무기를 총동원했다는 평가를 받고 있다.

11 수송기의 제트화 초음속화 시대

악몽과 같은 전쟁이 끝나고

하늘에도 평화가 찾아왔다.

항공기의 역할도 전쟁무기에서

항공수송 수단으로 바뀌었다.

대전 전에 대서양이나 태평양노선의

정기항공수송을 담당했던 대형

비행정은 모두 사라졌다.

대신 대전 직후 10년 동안은

전쟁 중에 혁신적으로 진보된

항공기술을 이용하여 개발된

장거리 대형 프로펠러 수송기의

전성시대였다. 비행기의 성능뿐만

아니라 항공수송을 지원하는 여러

가지 시스템도 발달했다.

1980 초음속 여객기 콩코드의 조종실(프랑스)

37 프로펠러 수송기의 전성시대

프로펠러 수송기의 황금시대

악몽과 같은 전쟁이 끝나고 하늘에도 평화가 찾아왔다. 항공기의 역할도 전쟁무기에서 항공수송 수단으로 바뀌었다. 대전 전에 대서양이나 태평양노선의 정기항공수송을 담당했던 대형 비행정은 모두 사라졌다. 대신 대전 직후부터 1950년대 전반까지 10년 동안은 전쟁 중에 혁신적으로 진보된 항공기술을 이용하여 개발된 장거리 대형 프로펠러 수송기의 전성시대였다. 대전 중에 비행기의 성능뿐만 아니라 운항기술, 항공기기, 항공통신, 항법기기, 항공교통관제 등 항공수송을 지원하는 여러 가지 시스템도 발달했다. 이것이 대전 후 항공수송의 발달에 큰 도움이 되었다.

제1차 대전이 끝난 직후 폭격기를 여객기로 개조했듯이 제2차 대전이 끝나자 바로 보잉은 전쟁 중에 위력을 과시했던 대형 장거리 중폭격기 B-29를 설계 변경하여 4발의 대형여객기 B-377 스트라토크루저(Stratocruiser)66)를 개발했다. 이어서 1947년에 록히드의 L-749 컨스텔레이션(Constellation)67)과 더글러스의 DC-6B68), 1950년대 초에는 일명 '코니(Connie)'라 불린 록히드의 L-1049

↑
대형 프로펠러여객기
DC-6B우표(오스트리아 1958)

---

66) B-377 길이 33.63m, 폭 43.05m, 총중량 67,133kg, 엔진 4기, 시속 483km, 항속거리: 7,640km, 100석.

67) L-749 길이 29.0m, 폭 37.5m, 총중량 42,600kg, 엔진 4기, 시속 450km, 항속거리: 6,920km, 70석. 1959년 대한국민항공사(KNA)가 도입한 여객기.

68) DC-6B 길이 32.2m, 폭 35.8m, 총중량 48,500kg, 엔진 4기, 시속 450km, 항속거리: 4,800km, 102석.

보잉의 B377 스트라토크루저 4발 프로펠러 여객기

슈퍼 컨스텔레이션(Super Constellation)[69]과 더글러스의 DC-7[70]이 개발되어 대형 프로펠러 수송기의 전성시대를 이루었다. 이들 4발의 대형 프로펠러 여객기는 평균 시속 480㎞의 속도로 4,800㎞ 이상의 거리를 비행할 수 있어 제트시대가 도래할 때까지 500대의 록히드의 컨스텔레이션 시리즈의 여객기와 900대의 더글러스의 DC-6 및 DC-7 여객기가 세계의 하늘을 누비고 다녔다.

69) L-1049 길이 35.4m, 폭 38.5m, 총중량 62,400㎏, 엔진 4기, 시속 550㎞, 항속거리: 8,700㎞, 95석.
70) DC-7 길이 37.0m, 폭 32.0m, 총중량 65,000㎏, 엔진 4기, 시속 570㎞, 항속거리: 5,600㎞, 102석.

터보프롭 수송기의 등장

19 60년대에 들어와서 제트수송기의 등장으로 프로펠러 수송기기는 점차 자취를 감추었다. 그러나 초기의 터보제트엔진은 연료를 많이 소비하여 민간수송기로서 경제성이 없었다. 그 결과, 제트의 원리를 이용하여 수송효율이 좋으면서 경제성이 우수한 터보프롭엔진을 장비한 프로펠러 수송기가 개발되었다. 이것이 피스톤엔진 대신에 가스터빈으로 프로펠러를 회전시키는 터보프롭 여객기이다.

터보프롭엔진은 터보제트엔진과 구조는 같지만, 매우 가벼우면서 큰 출력을 낼 수 있고 고급 가솔린 대신에 등유를 사용할 수 있는 것이 특징이었다. 종래의 피스톤엔진은 실린더 속에서 피스톤이 왕복운동을 하기 때문에 진동이 심했다.

⬆ L-1049 슈퍼컨스텔레이션우표
(인도 1948)

⬇ 일명 코니라는 애칭을 가진
4발 장거리 여객기
록히드 L-1049 슈퍼컨스텔레이션

터빈제트엔진은 회전운동만 하므로 진동이 피스톤 엔진에 비해 작아 그만큼 쾌적성이 높았다.

터보프롭엔진을 장비한 최초의 수송기는 1948년에 근거리용으로 개발된 영국의 4발 중형의 **빅커스 바이카운트**(Vicker's Viscount)였다. 이어서 이착륙 활주로가 짧고 객실이 넓은 영국의 4발 대형수송기 **브리스톨 브리타니아**(Bristol Britannia) 100, 빅커스 V-950 **반가드**(Vanguard), 록히드의 L-188 이렉트라(Electra) 등이 개발되었다. 쌍발의 근거리 수송기로는 네덜란드의 **포커 F-27 프랜드쉽**(Friendship), 영국의 **호커 시들리**(Hawker-Siddeley) HS-748, 일본의 YS-11이 개발되었다.

38 제트수송시대의 개막

제트수송시대의 도래

오늘날 제트수송기는 오대양 육대주가 좁다하며 지구촌의 곳곳을 비행하고 있다. 쥘 베른(Jules Verne : 1828~1905)의 과학 소설 《80일의 세계 일주》(1873)의 주인공 필리어스 포그(Phileas Fogg)는 세계 일주를 하는 데 80일이 걸렸다. 그랬던 세계 일주가 4발 프로펠러기로 7일, 순수 비행시간으로 3일 19시간으로 단축되었고 제트수송기가 운항하면서 하늘 길을 따라 36시간이면 세계를 일주할 수 있게 되어 지구촌을 좁게 만들었다.

1945년 제2차 대전이 끝나면서 제트수송기의 시대가 열렸다. 1940년대 후반의 군용기의 제트화에 이어 1950년대에는 수송기의 제트화가 시작되었다. 군용기보다 민간수송기의 제트화가 늦었던 것은 1940년대에 개발된 초기의 제트엔진은 수명이 짧아 민간수송기용으로는 적합지 않았던 것이 원인이었다.

최초의 제트 여객기 DH-106 코멧

최초의 제트여객기 코멧

최초의 제트여객기는 1952년에 영국의 드 하빌란드사(De Havilland)가 개발한 **코멧**(Comet=혜성) **1형**[71] 제트여객기였다. 터보제트엔진 4기를 장비한 길이 35m, 폭 33m의 이 제트여객기는 당시 북대서양노선을 운항하고 있던 4발 대형프로펠러 여객기와 크기가 같았으나 최대속도가 810km로 거의 2배가 빨랐고 고도가 3배나 높았다. 그러나 항속거리나 탑재력은 프로펠러기와 별 차이가 없었고 엔진의 연료소비율이 높아 민간수송기로는 경제성이 거의 없었다.

코멧 1형은 1952년 5월 2일에 영국 항공사 BOAC의 런던-요하네스부르크의 정기노선에 취항했다. 프로펠러기에 비하여 그 모양이 매우 세련된 이 제트여객기는 속도가 빨라 승객의 인기를 독차지했다. 그러나 불행하게도 코멧 1형은 연속해서 일어난 공중폭발사고로 운항이 중단되었고 1954년 4월에 퇴역하는 비운을 맞았다. 코멧 1형의 중단으로 제트수송시대에 4년의 공백이 생겼지만, 드 하빌란드사가 결함을 개량하여 개발한 **코멧 4형 제트여객기**(60석-80석)가 1958년 10월에 런던-뉴욕 정기노선에 취항함으로써 제트시대가 재개되었다.

최초의 제트 여객기
DH-106 코멧(룬디 1954)

---

71) DH-106 4발 제트 여객기 길이 34m, 폭 35m, 무게 73,470kg, 최고 속도 시속 810km, 항속거리 5,190km, 36석.

보잉의 4발 제트여객기 B-707 우표
(몰디브 1968)

실용 제트여객기의 출현

미국에서는 연료소비율이 낮고 성능이 우수한 제트엔진을 사용한 보잉의 B-707 제트여객기가 개발되어 1958년 뉴욕-런던 노선에 취항했다. 1959년 프랑스의 **수드 카라벨**(Sud Caravell)이 유럽-중동노선에 취항했으며, 1959년 9월 더글러스의 DC-8가 개발되어 미국 국내선에 취항했다. 1960년 5월에는 미국 컨베어의 CV-880 여객기가 미국 국내선에 취항했다. 한편 소련에서는 투보레프(Tupolev)의 Tu-104 쌍발 제트수송기가 1956년 5월에 처음으로 시베리아 횡단노선에 취항했다.

B-707과 DC-8가 성공할 수 있었던 것은 순항속도가 900km에 좌석이 130석으로 4발 대형 프로펠러기보다 2배나 큰 탑재력에 속도가 1.8배나 빨라 수송효율이 거의 4배가 향상되어 경제성이 크게 개선되었기 때문이다. 또한 피스톤이나 프로펠러가 없어 소음이나 진동이 적고, 고도 10,000~12,000m를 비행하기 때문에 기상의 영향이 적어 쾌적성이 향상되었다. B-707이나 DC-8 등 1950년대 말에 개발된 제1세대 제트수송기에 이어서 보다 성능이 향상된 '제2세대 제트수송기'가 개발되었다.

제1세대 제트여객기
더글러스 DC-8

단거리 제트여객기의 등장

터보팬(Turbofan)형식의 새로운 제트엔진이 1960년대 초 도입되었다. 터보제트엔진의 앞에 팬(fan)을 단 이 엔진으로 수송효율이 크게 높아졌고 소음이 줄어들었다.

터보팬엔진을 사용한 '제2세대 제트수송기'는 1960년대 후반부터 등장했으며 중단거리용의 쌍발 또는 3발 제트수송기였다. 보잉의 B-727 및 B-737, 더글러스의 DC-9, 영국 빅커스 바이카운트의 VC-10, 브리티쉬 에어크라프트의 BAC-111 등이 있었다. 제2세대 제트수송기는 터보팬엔진의 실용화로 연료소비율이 크게 개선되어 중·단거리 노선의 제트화에 크게 기여했다. 2세대 제트수송기는 쌍발과 3발로 분류된다. 대표적인 3발 제트수송기인 보잉의 B-727은 성능과 경제성이 크게 개선되었다. 쌍발의 B-737은 기체를 소형화하고 엔진도 2기만을 달아 연료 소비율이 낮은 경제적인 수송기였다. 쌍발 제트기인 DC-9은 자동화 시스템의 도입으로 2명의 운항 승무원만으로도 비행할 수 있게 만들었다. 더욱이 두 개의 엔진을 동체 뒷부분에 장비한 리어엔진(rear engine) 형식의 채택으로 날개의 항력이 작아지고 엔진이 뒤에 있어 객실의 소음이 크게 줄어들었다.

제2세대 제트여객기 보잉 B-727

39 대량수송 시대의 개막

대형수송기에의 도전

21세기 초에 개발된 에어버스의 최대 650명을 수송할 수 있는 A-380이 현재 가장 크다. 20세기 말까지는 미국의 보잉이 개발한 최대 500명을 수송할 수 있는 B-747이 가장 컸다.

독일이 개발한 대형 비행정 도르니에 독스(1928) 점보기의 절반 크기, 엔진 12개에 3층 구조

B-747의 규모는 길이 70.5m, 폭 64.4.m, 높이 19.4m, 날개 면적 510㎡, 총 무게 362톤이다. 잠실 올림픽 경기장에 갔다가 그 중심을 마운드의 위치에 두면, 머리 부분은 홈베이스, 꼬리날개는 2루, 왼쪽과 오른 쪽 날개 끝은 각각 1루와 3루에 놓인다. 높이는 꼬리날개의 위 끝이 5층 건물의 높이와 같으며 조종석의 높이가 2층 건물의 높이와 같다. 큰 날개의 면적은 농구장의 코트와 같다. 이 대형기에 깔려 있는 전기계통의 배선만 하더라도 160km로 서울에서 천안에 이르는 거리이며 점보기에 사용된 부품의 수가 나사까지 포함하면 450만 개에 이른다.

항공사상 최초의 대형기는 1914년에 소련이 개발한 **시콜스키 그랜드호**였다. 헬리콥터의 아버지로 유명한 소련의 **이고르 시콜스키**(Igor Sikosky)가 개발한 4발의 대형수송기로 최초로 조종실과 별도로 객실을 갖춘 대형수송기의 원조라 할 수 있다. 항공 초기에 대부분의 비행기가 한두 명이 탈 수 있는 단발기로 그 무게가 1톤 정도였다. 그런데 이 여객기는 그 무게 41톤에 20명을 태울 수 있었다.

그 다음이 1928년에 독일이 개발한 **도르니에 독스**(Dornier DoX) 비행정이다. 이 대형 비행정은 그 크기가 B-747의 절반 정도로 무게 50톤에 엔진 12기를 장비한 전금속제 3층 구조의 여객기였다. 이 비행정은 최대로 196명을 수송할 수 있었다. 도르니에 독스는 단 한 번 대서양을 건너서 뉴욕까지 비행했으나 고장으로 다시 독일까지 돌아오는 데 2년이 걸렸다.

보잉의 대형수송기 B-747 우표
(한국 1995)

항공사상 최대의 항공기

HOWARD HUGHES

지금까지 개발된 항공기 중에서 가장 큰 항공기는 1947년에 미국의 휴즈가 개발한 **H-4 허큐리즈**(Hughes H-4 Hercules)로 일명 스프루스 그즈(Spruce Goose, 멋진 거위)라고 불리는 비행정이다. 이 초대형 비행정은 미국의 억만장자였던 **하워드 휴즈**(Howard Hughes : 1905~1976)가 개발한 것이다. 로스앤젤레스 국제공항으로부터 남쪽으로 4㎞ 떨어진 롱비치에 세계 최대의 여객선 퀸 메리호(Queen Merry)와 함께 전시되고 있다가 최근에 오레건주의 포틀랜드로 옮겨갔다.

이 비행정은 길이 66.6m, 폭 97.5m, 높이 24.1m, 날개 면적 1,061㎡로 B-747의 1.5배나 크며 8개의 엔진을 장비한 전목제기로 750명의 병력을 싣고 대서양을 횡단비행할 계획으로 개발되었다. 1947년 11월 2일에 20m의 고도로 약 70초간을 실험 비행하는 데 성공했으나, 제2차 대전이 끝났기 때문에 결국 실용화되지 못했다.

➡ 미국 롱비치에 최대 여객선 퀸 메리호와 나란이 전시되고 있는 스프루스 그즈 대형 비행정

휴즈가 개발한
스프루스 그즈 대형 비행정
—점보의 1.5배, 엔진 8개

제2차 대전 중 독일의 U보트 잠수함은 대서양에서 맹활약하며 1940년 7월 한달간 연합군 수송선 20만 톤을 침몰시켰다. 이러한 상태가 계속되면 보급이 중단되어 연합국은 전쟁을 수행할 수 없는 긴박한 실정에 직면하게 되었다. 이에 미국 정부는 전차는 물론 전쟁에 필요한 병기와 병력을 대량으로 수송할 수 있는 대형수송기의 개발 계획을 세우고 이를 휴즈에 의뢰하였다. 그는 750만 불의 개발비를 들여서 이 초대형 비행정의 개발에 착수해 온갖 노력 끝에 완성하였던 것이다.

점보 제트기의 탄생

19 70년대에 대형 제트수송기인 B-747의 출현으로 하늘의 대량수송시대가 열렸다. 그 탄생과정이 매우 드라마틱하다. 미소 냉전시대가 본격화되자, 1965년 미 국방성은 유사시에 미국 본토의 대병력을 아시아나 유럽의 분쟁지역에 단기간에 투입할 수 있도록 장거리 대형 전략수송기의 개발계획(CXHLS계획)을 세웠다. 350톤의 병력과 병기를 싣고 대서양이나 태평양을 무착륙으로 횡단비행할 수 있는 대형 군용수송기의 개발은 치열한 경쟁 끝에 기체는 장거리 전략 군용수송기 C-141 **스타리프트**(Starlift)의 개발 실적이 있는 록히드사, 엔진은 제너럴 일렉트릭(GE)사로 결정되었다. 그렇게 개발된 것이 베트남 전쟁과 제4차 중동 전쟁 때 큰 활약을 한 갤럭시(Galaxy=은하수)라는 별명을 가진 대형 전략 군용수송기 C-5A[72]이다. C-5A의 개발에서 탈락한 보잉사는 발상을 전환하여 대형 제트수송기 B-747[73]을 개발했다. 일명 **점보기**(Jumbo)라고도 불리는 이 대형 제트수송기는 2계층 구조의 동체에 그 길이가 1903년에 라이트 형제가 첫 동력비행에 성공했을 때의 비행거리보다 더 길며 수송력이 B-707이나 DC-8의 2배가 되었다.

1970년 1월에 뉴욕-런던 노선에 B-747이 첫 취항하면서 하늘의 대량수송시대가 개막되었다. 보잉의 B-747에 뒤이어 맥도널 더글러스의 DC-10[74], 록히드의 L-1011 **트라이스타**(Tristar)[75], 유럽

---

72) **C-5A 4발 전략 군용수송기** 길이 75m, 폭 68m, 최대적재량 349t, 최대속도 마하 0.92, 항속거리 5,760km.

73) **B-747 4발 대형수송기** 길이 70m, 폭 60m, 총중량 379,000kg, 최대속도 마하 0.92, 항속거리 15,000km, 객석 500석

74) **DC-10** 길이 51.9m 폭 47.3m 총중량 195,000kg, 시속 마하 0.82, 항속거리 6,114km, GE CF6-6D 엔진 3기, 객석 380석

75) **L-1011 Tristar** 길이 54.2m, 폭 47.3m, 총중량 200,000kg, 시속 마하 0.9, 항속거리 7,420km, 롤스로이스 RB 211-22 엔진 3기, 객석 253석.

에어버스의 A-300 등 대형 제트수송기가 속속 등장했다. '제3세대 제트수송기'라고 불리는 이들 대형수송기는 제트수송기가 처음 개발된 이후 약 20년 동안에 진보한 항공기술과 우주비행을 위해 개발된 최첨단 기술을 집대성하여 개발되었다. 각종 시스템의 자동화와 이중화로 수송기의 신뢰성과 안전성이 크게 향상되었다. 동체의 크기에 비해 전체 무게가 가벼웠고 날개 모양의 개조로 공기의 저항이 줄어들어 연료소비율이 낮아져 경제성도 크게 개선되었다. 바이패스 비가 높은 터보팬엔진의 사용으로 엔진의 구조가 간단하고 가벼우면서 추력이 크고 연료소비율이 작으며 소음이나 대기오염이 줄어들었다.

내부시스템은 우주항행을 위해 개발된 관성항법장치를 이용한 자동비행장치의 도입으로 컴퓨터에 의해 비행의 자동제어가 가능해졌으며 지상항행시설이나 항법사의 도움 없이도 자동으로 목적지에 정확히 도달할 수 있게 되었다.

보잉의 장거리 대형수송기 B-747

제 4세대 하이테크형 수송기의 등장

1980년대 후반에는 '제 2세대' 및 '제 3세대 제트수송기'보다 연료효율이 높고 각종 계기가 전자화·통합화 되고 엔진의 신뢰성 향상된 '제 4세대 제트수송기'가 개발되었다. '테크노점보기'라고 불리는 보잉의 B-747-400를 비롯하여 맥도널 더글러스의 MD-11, 에어버스의 A-340 등의 장거리 대형제트수송기, 보잉의 B-767, B-777, 에어버스의 A-330 등 중장거리의 중형제트수송기, 맥도널 더글러스의 MD-90, 포커의 F-100, 에어버스의 A-320 중단거리의 소형제트수송기 등이 출현했다.

이들 최첨단 제트수송기의 특징은 운항의 안전도를 극대화하고 조종의 간편화를 도모한 최신 디지털(Digital) 조종시스템의 도입, 연료효율이 좋은 최신 엔진의 사용, 신소재의 사용에 의한 기체 중량의 경감, 연장수직날개의 채용, 항속거리 및 탑재력의 증대에 있다.

대표적인 '제 4세대 제트수송기'라고 할 수 있는 B-747-400을 기준으로 보면 최대의 특징은 조종실의 개혁이다. 브라운관(CRT)이나 액정(LCD)을 이용한 새로운 기술의 적용과 각종 시스템의 자동화로 기장과 부기장의 2인 승무제가 도입되었다. B-747-200의 조종실에 장비되어 있던 42개의 각종 기계식계기가 테크노점보기에서는 6개의 브라운관(CRT) 디스플레이에 집중적으로 표시되도록 개혁되었다. 132개의 계기가 13개, 284개의 스위치가 181개로, 555개의 경보램프가 171개로, 조종사의 조작을 확인하기 위한 98항목의 체크 리스트가 38항목으로 줄었다.

B-747-400의 경우 최신형 터보팬엔진과 기체의 공기저항을 감소시키는 날개와 비행관리시스템(FMS)의 도입으로 연료소비가 크게 줄었다. 꼬리날개에도 보조연료탱크를 설치함으로써 항속거리가 크게 연장되어 400명의 여객을 싣고 비행거리가 13,000km 이상이나 되는 서울-뉴욕 등 장거리를 직행할 수 있게 되었다.

미국 맥도널 더글러스의 DC-10
(몰디브 1984)

제4세대 하이테크기 -에어버스의 4발 장거리 대형수송기 A-340

공기저항을 감소하기 위해 주익의 끝에 윙릿(Winglet)이라고 불리는 높이 1.8m의 작은 날개를 수직으로 부착했다. 주익 끝에 있는 이 작은 날개는 비행 중 날개 끝에서 발생하는 공기소용돌이의 영향을 적게 하여 유도저항을 줄이고 엔진의 부담을 가볍게 하여 항속거리를 연장할 수 있다. 각종 시스템의 자동화, 고장 안전 차단 구조(Fail-Safe Construction)의 강화 등 안전기술의 대폭적인 향상으로 안전성이 크게 향상되었다.

불과 1세기밖에 안 되는 짧은 기간에 놀랄만한 속도로 수송기의 대형화가 이루어졌다. 그러나 장차 어디까지 대형화 할 수 있는지는 미지수이다. 아르키메데스의 원리에 의해 얼마든지 크게 할 수 있는 배와는 달리 날개를 전진시켜서 얻은 양력으로 비행하는 비행기는 대형화에 한계가 있기 때문이다.

하이테크기 보잉 B-767

아르키메데스 원리에 의하면 배는 물속에 잠겨있는 부분의 부피에 비례하여 부력이 생긴다. 바꾸어 말하면 여기에 한 개의 나무토막이 있을 경우 그 토막의 길이를 10배로 하면 중량은 1,000배가 되고 부력도 1,000배가 되기 때문에 아무리 크게 해도 배는 물 속에 가라 앉지 않고 떠있을 수 있다.

그러나 양력을 이용하여 비행하는 비행기는 대형화할 경우 '2승 3승의 법칙(二乘三乘法則)'이 적용되어 대형화하는 데 한계가 있다. 날개의 면적을 두 배로 하고 추진력도 두 배로 하면 양력도 두 배가 되고 사람도 2배를 실을 수 있다고 간단하게 생각할 수 있지만, 사실은 그렇지 못하다. 양력은 날개의 면적에 비례하여 늘어난다 하더라도 기체의 무게는 길이의 3승으로 비례하여 늘어나기 때문에 대형화하더라도 비행을 할 수 없게 된다.

에어버스사의 650인승의 초대형 여객기 A-380

항공 초기에 만든 모형 비행기의 대부분이 실제 비행에 성공하지 못했던 것은 가벼우면서 힘이 센 엔진이 뒷받침되지 못했던 점도 있으나 대부분이 이 '2승3승의 법칙' 때문에 성공하지 못했던 것이다. 과연 21세기에는 이러한 비행원리상의 한계를 극복하고 여객기가 얼마나 대형화할 수 있는지 관심의 대상이 아닐 수 없다.

초음속 수송 시대의 개막

수송기의 고속화

1903년에 최초의 동력비행에 성공한 라이트 형제의 **플라이어 1호**(Flyer I)는 시속 10.8km의 속도로 12초 동안에 37m를 비행했다. 이것은 사람의 걷는 속도의 2배의 속도였다. 이렇게 시작된 여객기의 속도는 비약적으로 진보하여 1970년대에 개발한 초음속 여객기인 **콩코드**(Concord)는 음속(音速)의 2배인 시속 2,179km(마하 2.05)였으며 라이트 플라이어보다 약 200배나 빨랐다. 민간수송기의 속도는 1920년대의 대표적 여객기인 독일 융커스의 **F-13**은 시속 140km, 1930~40년대의 대표적 여객기인 더글러스의 **DC-3**는 시속 300km, 1950년대의 대표적 여객기인 미국 록히드사의 **L-1049** 대형 프로펠러기는 시속 570km였다. 1958년에 개발된 미국 보잉의 **B-707** 제트 여객기는 시속 900km, 1970년대 개발된 **DC-10**이나 **B-747**은 시속 980km로 향상되었고 초음속 여객기 콩코드는 음속의 2배의 속도로 향상되었다.

1960년대에 민간 제트수송기가 마하 0.7~0.8의 아음속(亞音速)을 유지하고 있을 때 군용기는 전투기뿐만 아니라 폭격기까지 초음속화되었다. 인간이 만든 비행장치가 처음으로 음속을 돌파한 것은 1947년으로 미국의 공군장교 **찰스 이거**(Charles E. Yeager)가 조종한 **벨**

↑
콩코드우표(뉴칼레도니아 1973)

↓
B-29에서 발진하여 최초로 음속을 돌파한 벨 XS-1 로켓기(1947)

XS-1[76]이었다. XS-1은 비행기라기보다는 날개를 가진 로켓이었다. 고도 1,700m에서 비행 중인 B-29로부터 발진했다.

1955년 미국의 노스 아메리칸(North American)의 F-100C 전투기가 공식적으로 음속을 돌파하여 초음속시대를 열었다. 그 이후 지금까지 세계 최고속의 제트기는 1963년에 개발된 전략정찰기 록히드 SR-71A '검은 날개(Blackbird)'로 마하 3.3(시속 3,529km)이다. 현대에는 모든 군용기가 초음속이다. 초음속수송기는 초음속 전투기가 개발되고 20여 년이 지난 뒤에야 개발되었다.

초음속기의 개발에 있어 가장 장애가 '소리의 벽(sound barrier)'과 '열의 벽(heat barrier)'을 극복하는 것이었다. 비행기의 속도가 음속에 가까워지면 비행기의 머리 부분(기수)이나 날개의 앞쪽에 공기가 압축되어 충격파(shock wave)가 발생한다. 이 압축된 공기의 덩어리가 바로 '소리의 벽'이다. 이 소리의 벽을 프로펠러기로는 넘지 못했으나 제트엔진이나 공기역학의 발달과 후퇴익의 채택으로 돌파하여 소리의 벽을 돌파했다.

음속은 불변의 수치가 아니며 기압과 온도에 따라 달라진다. 지상의 섭씨 15℃에서는 음속은 시속 1,224km이나 영하 55℃의 고도 1만 800m부터 3만 2,000m에서는 시속 1,065km이다. 음속의 경우에는 '시속'을 사용하지 않고 '마하 수'를 사용한다.

또한 비행기는 속도가 빨라질수록 공기와 기체간의 마찰에 의해 기체의 표면온도가 높아진다. 고도 18,700m를 마하 2.0으로 비행하면 기체의 머리 부분의 온도는 약 150℃, 마하 3.0으로 비행하면 260~300℃가 된다. 이렇게 온도가 올라가면 고열 때문에 비행기는 강도가 약해져서 문제가 된다. 이것이 '열의 벽'이다. 이 '소리의 벽'과 '열의 벽'을 모두 극복하고 초음속 여객기를 개발한 것이다. 인류의 위대한 승리이다.

---

76) 벨 XS-1 로켓기 길이 9.42, 폭 8.53, 총중량 6,078kg, 사속 마하 1.45, 엔진 1기, 1인승 Xsms 실험기, S는 초음속을 뜻함.

초음속 시대를 연 콩코드

콩코드 영불합작 기념
(뉴 허브리디스 1976)

민간 수송기의 초음속화는 1962년부터 영불 합작으로 초음속수송기(supersonic transport: SST)의 개발로 시작되었고 미국과 소련이 뒤이어서 개발에 착수했다. 미국은 환경문제와 막대한 개발비부담문제로 1971년에 개발을 중단했다. 1975년에 소련의 **투폴레프**(Tupolev) Tu-144[77]가 최초로 취항했고 이어서 1976년에 영불합작으로 개발된 **콩코드**(Concorde)[78]가 취항했다. 다만 TU-144는 우편물, 화물만을 수송했으며 연료의 과다 소비와 적자로 얼마 운항하지 못하고 중단해버렸다.

콩코드는 130명을 태우고 고도 17,000m의 성층권을 제트수송기의 2배의 속도인 마하 2.02(시속 약 2,400km)로 6,800km의 거리를 비행할 수 있다. 콩코드는 좌석 수가 적고 연료효율이 나쁘며 기체가격이 높고 충격파의 발생으로 운항할 수 있는 공항의 제한으로 대부분의 항공사가 희망하지 않았다. 결국 16대만 생산되었으며 영국항공과 에어 프랑스만이 각각 8대씩을 구입하여 파리-뉴욕과 런던-워싱턴 노선에 취항했다.

콩코드가 얼마나 빠른지를 이해하기 위하여 비교해 보면, 1991년 10월 12일에 콜럼버스의 미 대륙 발견 500주년을 기념하여 에어 프랑스가 콩코드로 세계일주 비행을 실시한 바 있었다. 이날 오전 7시 54분에 포르투갈의 리스본을 출발하여 산토도밍고-아카풀코-호놀룰루-괌-방콕-바레인을 거쳐서 다음 날 오후 4시 55분에 리스본으로 돌아왔다. 총 33시간 1분이 걸렸으나 급유를 하기 위해 중간에 기착한 시간을 제외하면 실제 비행시간은 23시간 7분이 걸렸다. 1927년에 린드버그(C. Lindbergh)가 항공사상 처

---

77) Tu-114 초음속수송기 길이 64.5m, 폭 28.8m, 총중량 75,500kg, 마하 2.35, 엔진 2기, 항속거리 6,500km. 객석 140석.
78) 콩코드 초음속 수송기 길이 61.66m, 폭 25.55m, 총중량 186,070kg, 마하 2.02(2,160m), 엔진 4기, 객석 130석.

영국항공의 초음속기 콩코드

음으로 대서양을 단독으로 무착륙 횡단비행을 했을 때의 비행시간이 33시간 30분이 걸렸던 것을 생각한다면 얼마나 비행기의 속도가 향상되었는지를 알 수 있다.

Tu-144는 연료효율이 나쁘고 잦은 고장으로 취항하고 1년 만인 1978년에 운항을 중단해버렸다. 콩코드는 사고 없이 대서양 노선에 운항을 계속하다가 2000년 7월 파리에서 이륙 직후 추락하여 승객 113명이 사망하는 비행사고가 일어났다. 그 후에도 운항을 계속했으나 이용자가 줄어들고 적자가 점점 커져 결국 2003년에 운항을 중지했다. 항공기가 음의 벽을 돌파하여 비행하는 것이 인간의 오랜 꿈이었지만 그 이후 음속 이상의 속도로 비행하는 제트수송기는 세계의 하늘에서 볼 수 없게 되었다.

12

미래의 항공기

21세기에는 초거인기의 개발로

객실이 보다 넓고 쾌적한

항공여행이 가능해지고

초고속기의 개발로 시간거리가

지금의 절반으로 줄어들어

전 세계가 반나절 생활권으로

바뀔 것이 예상된다.

또한 화석연료의 고갈에 대비하여

새로운 연료를 사용한

수송기의 개발도 본격화

될 것이 예상된다.

대체연료로서 원자력이나

태양에너지의 활용 등

여러 가지 연구가 진행되고 있다.

1970 제2세대 초음속기 상상도 (프랑스)

41 초거인기 초고속기의 등장

미래의 날개

21세기에도 항공기는 20세기처럼 빠른 속도로 진보할 것으로 보인다. 1천 명 이상을 수송할 수 있는 **초거인기**(Ultra Mega Transport), 현재의 초음속기보다 훨씬 빠른 **초고속기**(HSCT:High Speed Civil Transport), 대체연료를 사용한 새로운 개념의 항공기의 개발이 예상되고 있다. 21세기에 예상되는 미래 항공기를 민간 수송기를 중심으로 살펴보기로 하자.

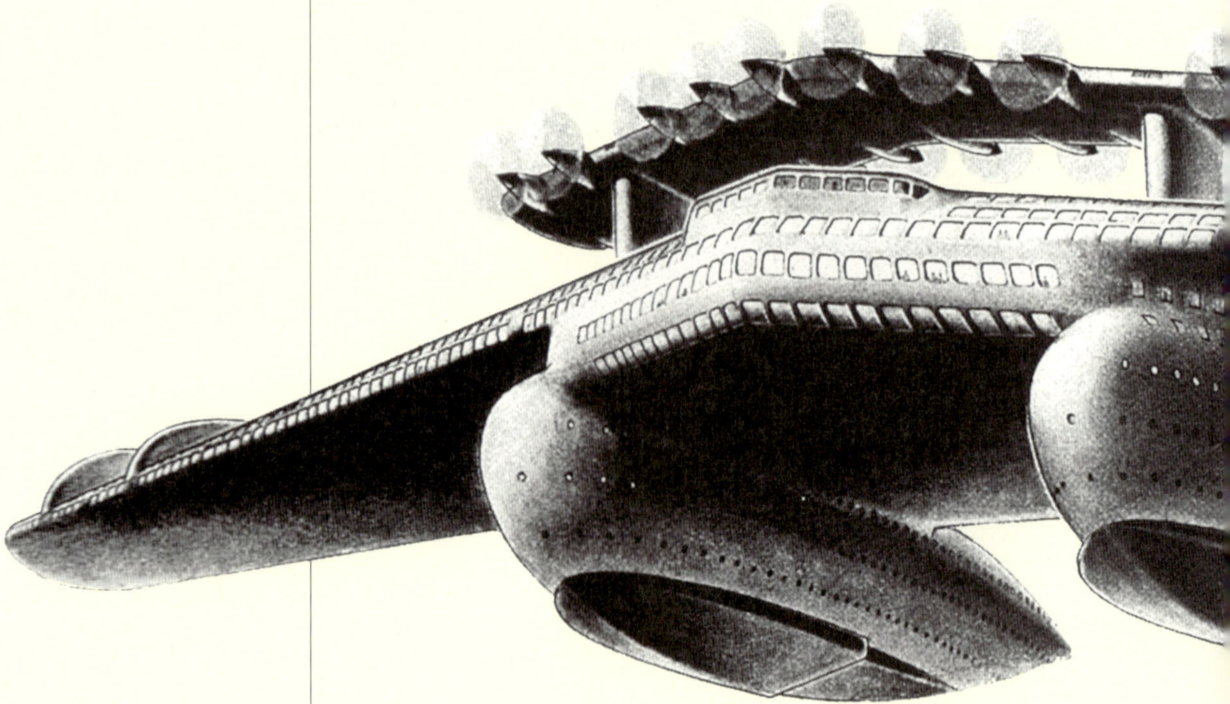

콩코드 영불합작 기념우표
(뉴 허브리디스 1968)

21세기에는 초거인기의 개발로 객실이 보다 넓고 쾌적한 항공여행이 가능해지고 초고속기의 개발로 시간거리가 지금의 절반으로 줄어들어 전 세계가 반나절 생활권으로 바뀔 것이 예상된다. 또한 화석연료(化石燃料)의 고갈에 대비하여 새로운 연료를 사용한 수송기의 개발도 본격화 될 것으로 예상된다. 대체연료로서 원자력이나 태양에너지의 활용 등 여러 가지 연구가 진행되고 있으나 액체수소를 이용한 항공기의 개발이 가장 유력하다.

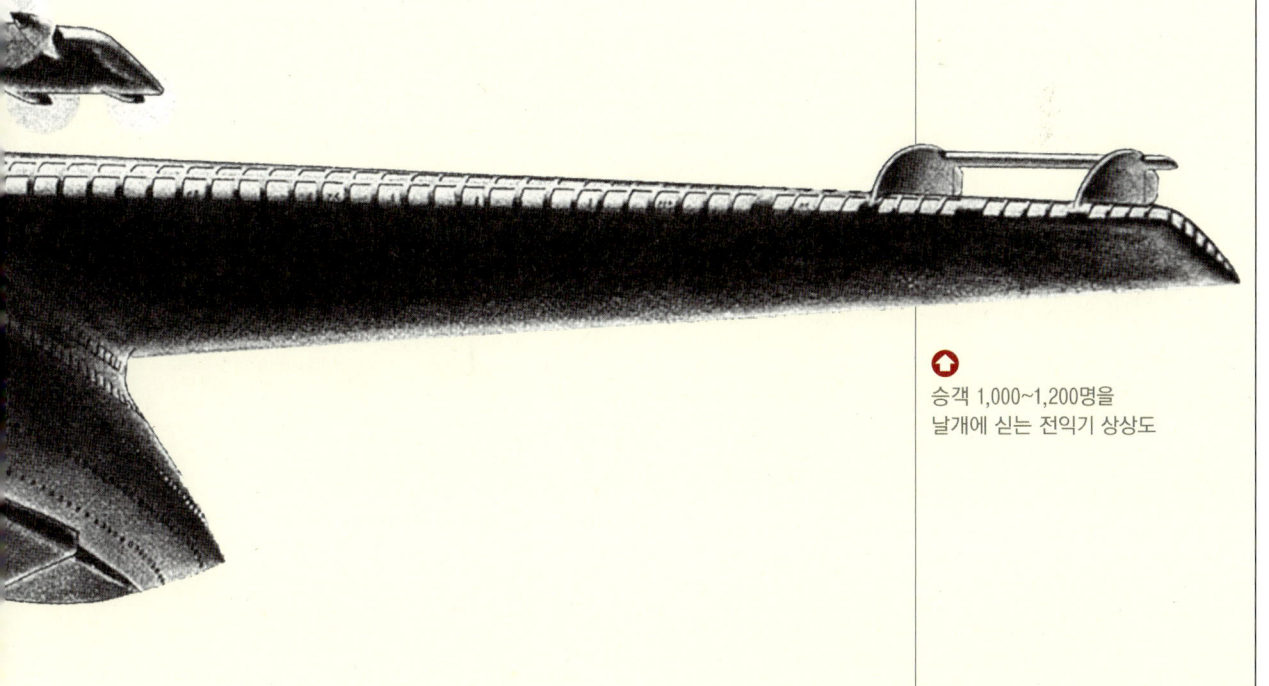
승객 1,000~1,200명을 날개에 싣는 전익기 상상도

21세기형 초거인기의 개발

21세기에는 현재의 대형기보다 1.5~2배 이상으로 탑재력이 증가된 700~1,000석 규모의 **초거인기**(Ultra Mega Transport)의 개발이 예상된다. 현재 운항하고 있는 대형기인 **B-747**은 동체구조가 객실의 일부만 2계층 구조이고 2개의 통로를 갖고 있으며 동체단면이 비교적 둥근 모양을 이루고 있다. 그러나 이러한 대형기의 연장선상에서 장차 개발될 초거인기는 동체 전부가 2계층(double deck)에서 3계층(triple deck)에 3~4개의 통로를 갖고 있어 동체단면이 마치 세워 놓거나 옆으로 눕혀 놓은 달걀모양으로 바뀔 것이다. 초거인기의 경우 공항에서의 시간을 단축하기 위해서 1층뿐만 아니라 2~3층에도 출입문을 설치하게 되므로 공항 터미널의 보딩 브리지(boarding bridge)도 이에 맞추어 2~3층에 설치되어 공항터미널의 구조도 달라질 것이다.

본격적인 21세기형 초거인기는 현재의 대형기와는 기본적으로 구조가 다를 것으로 예상되고 있다. 대표적인 것으로 동체와 꼬리날개가 없는 **전익기**(All Flying Wing)와 날개와 동체의 구분이 없는

기내 통로가 3~4줄인 초거인 제트여객기

혼합익기(Blended Wing Body)의 개발을 들 수 있다. 전익기나 혼합익기는 기체의 표면적에 비하여 용적이 매우 크기 때문에 대량수송을 위한 초거인기로서는 매우 이상적이다. 이 여객기의 장점은 동체나 꼬리날개가 없으므로 기체의 크기에 비해 무게가 가볍고 또한 구조적으로 저항이 작다는 데 있다. 기체 전체가 양력을 발생시키므로 빨리 그리고 멀리 비행할 수 있으며 날개 전체가 객실로 사용되므로 대량수송을 할 수 있다. 날개의 양끝에 출입구(wing door)가 있어 승객이 신속하게 타고 내릴 수 있다.

21세기에는 현재의 대형화물기 B-747F(최대 105톤 탑재)이나 ANT-124(최대 150톤 탑재)보다 탑재능력이 훨씬 큰 초거인 화물전용기의 개발이 예상된다. 현재의 화물전용기의 동체를 연장하거나 확장하는 것이 아니라 완전히 새로운 개념의 화물전용기이다. 대표적으로 스팬로더기(spanloader aircraft)나 플라잉 푸렛베드기(flying flatbed), 동체가 두개인 쌍동형 화물수송기, 초대형 무인 화물전용 비행선 등을 들 수 있다.

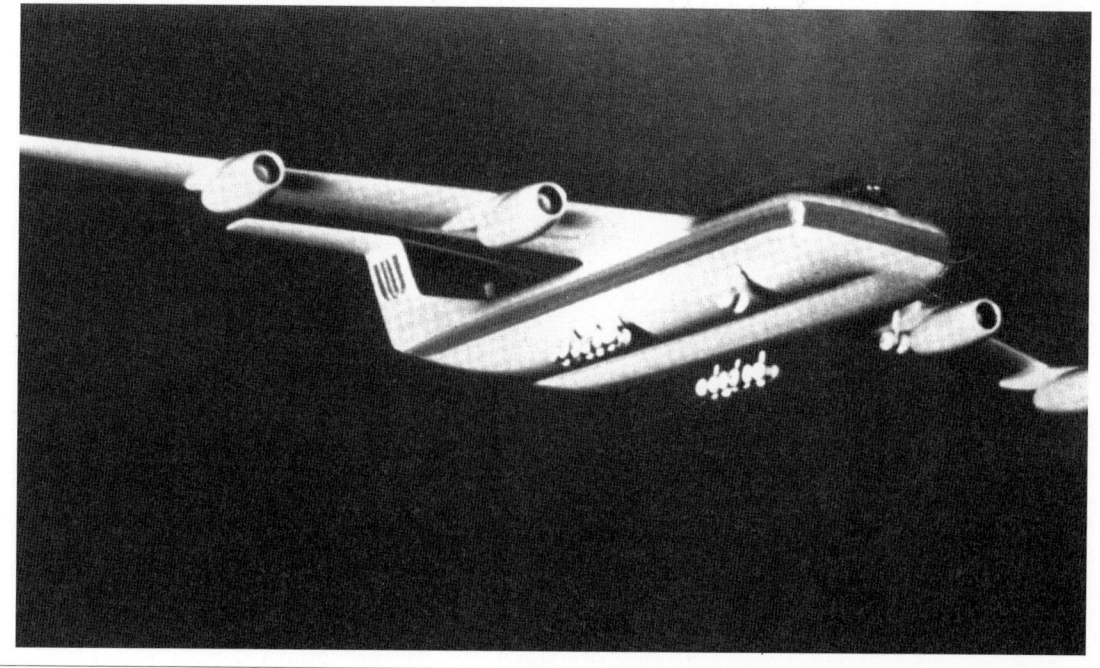

동체가 두 개인 초거인 제트여객기

초음속여객기 취항 기념우표
(영국 1968)

제 2세대 초음속기

1977년에 영·불 공동으로 개발된 **콩코드**는 130명을 태우고 음속의 2배인 마하 2.04의 속도로 비행할 수 있는 제1세대 **초음속여객기**(Supersonic Transport : SST)이다. 이 초음속기는 금속피로 등의 이유로 수명이 다되어 은퇴하기 직전에 사고까지 겹쳐 운항을 중단했다. 현재 콩코드보다 성능이 우수하고 경제성이 높은 제2세대 **초음속기**(ASST : Advanced Super Sonic Transport)의 개발이 추진되고 있다.

현재 추진되고 있는 제2세대 초음속기는 모양은 콩코드와 같으며 동체가 더 길고 삼각형의 날개를 가진 4발 초음속기로 속도는 마하 2.5~3.0수준으로서 콩코드보다 빠르다. 항속거리는 콩코드의 2배가 되는 11,000~12,000km로 뉴욕-서울을 5~6시간으로 직행할 수 있다. 좌석은 250~300석에 이륙중량 350~400톤 수준이다.

제2세대 초음속기의 특징은 제1세대 초음속기에 비하여 ①장거리를 짧은 시간에 쾌적하게 비행할 수 있으며 ②엔진이나 기체로부터의 소음이 매우 적으며 질소산화물(Nox)의 배출량이 약 4분의 1로 줄어들고 매연이 거의 없으며 ③비행시간이 50% 이하로 줄어들어 생산성이 높으며 ④운임수준이 현재의 장거리노선의 비즈니스 클래스 정도로 높으며 ⑤안전성과 신뢰성이 매우 높다는 데 있다.

제2세대 초음속기의 개발에 있어서 기술적으로는 전혀 문제가 없다. 다만 문제가 된다면 막대한 개발비문제와 초음속 비행에 따른 환경문제가 있을 뿐이다. 제2세대 초음속기의 개발에 약 100억불이 소요될 것으로 예상된다. 환경문제에 있어서 소음문제는 강력한 엔진으로 단시간 내에 고공에 도달하면 지상의 소음은 거의 문제가 되지 않는다고 한다.

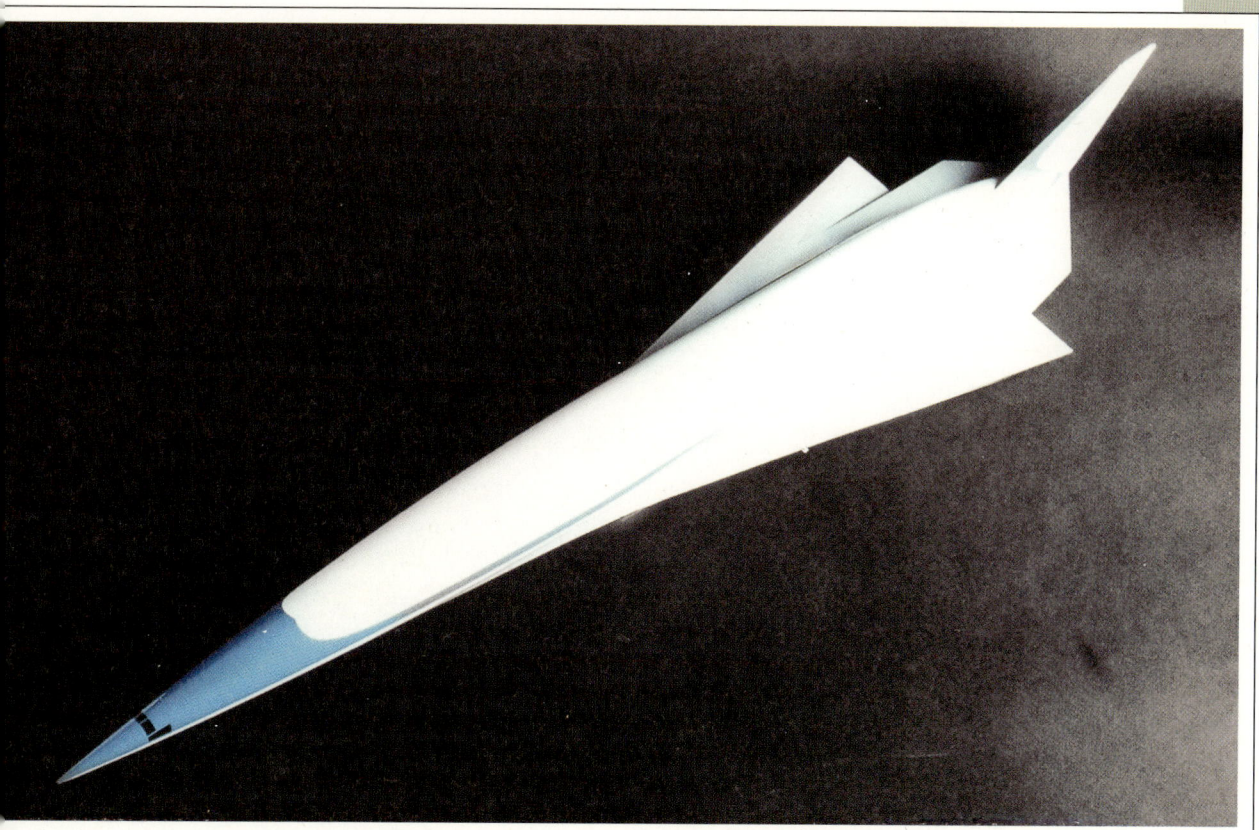

제2세대 초음속기 상상도

가장 문제가 되는 것은 엔진의 배기가스에 포함되어 있는 질소산화물이 인체에 유해한 자외선을 차단해주는 오존층을 파괴한다는 점이다. 질소산화물은 엔진의 온도가 높아질수록 더 많이 발생하기 때문에 어떻게 질소산화물을 억제하느냐가 중요한 과제로 남아 있을 뿐이다.

그밖에 21세기에는 **수직이착륙기**(Vertocal Take-off and Landign: VTOL)가 단거리 초고속교통수단으로서 중요한 역할을 하게 될 것이다. 도심의 공항에서 이착륙하여 일정한 고도에 이르면 현재의 제트기와 동일한 속도로 비행할 수 있는 제2세대 **수직이착륙기**(Advanced Short Take-off and Vertical Landigng: ASTVOL)의 실현이 예상된다.

42

21세기형의 새로운 수송기

액체수소 수송기

현재 항공연료로 사용하고 있는 케로신(등유)은 2040년경에는 절대 부족이 예상될 뿐만 아니라 석유가격의 폭등이 예상된다. 이에 대비하여 항공용 대체연료로 태양열 에너지, 원자력 에너지의 이용 등 여러 가지가 연구되고 있지만, 가장 유력한 것이 액체수소이다. 현재 미국, 독일, 캐나다 등에서 액체수소를 이용한 수송기의 개발이 적극적으로 추진되고 있다.

액체수소 항공기의 상상도

액체수소 연료는 안전할 뿐만 아니라 배기물로서 물과 현재의 5% 정도의 질소산화물(Nox)이 배출되기 때문에 환경면에서도 매우 바람직한 연료로 평가되고 있다. 항공연료로서 액체수소를 이용할 경우에 우선 수소의 단위 중량당 발열량이 케로신의 약 2.7배나 되기 때문에 이륙중량이 대폭적으로 경감되며 엔진의 추력을 크게 할 수 있어 결과적으로는 승객을 태울 수 있는 유상하중(Payload)을 증대시킬 수 있다. 또한 수소의 가격이 대량생산 기술의 향상과 생산원가가 대폭 개선되어 20년 후에는 케로신보다 액체수소의 가격이 더 낮아질 것으로 보고 있다.

액체수소 수송기는 싼 가격의 액체수소의 공급과 현재보다 부피가 4배나 큰 연료탱크의 설치가 과제이지만, 새로운 엔진을 개발하지 않고 현재의 제트엔진을 사용할 수 있다는 장점이 있다.

스페이스 셔틀 컬럼비아호
(니우에 1983)

극초음속여객기

21세기에 속도 면에서 가장 기대되는 여객기는 **극초음속기**(Hypersonic Civil Transport, HSCT)이다. 우주왕복선인 **스페이스 셔틀**(Space Shuttle)과 초음속기의 기술을 융합하여 개발되는 극초음속기는 활주로를 이륙하여 대기권 밖에서 음속의 5~6배의 속도로 수평 비행하여 목적지 공항의 활주로에 착륙하는 최첨단 미래형 수송기이다. 만일 극초음속기가 실현되면 현재 15시간 소요되는 뉴욕-서울 간을 약 2시간에 비행할 수 있게 된다. 프랑스의 아에로스파시알사에서 1987년 발표한 AGV(aviona grande vitesse)계획은 마하 5.0~6.0의 속도로 150명을 수송할 수 있고, 미국의 항공우주국(NASA)이 1986년에 발표한 HSCT(high speed commercial transport)계획은 마하 5.0~6.0의 속도로 비행할 수 있는 **극초음속여객기**이다. 극초음속기에는 터보제트엔진과 램 제트엔진을 융합한 복합엔진(Combined Cycle Engine)이 사용된다.

극초음속기의 개발에 열쇠가 되는 것은 그렇게 빠른 속도로 여행해야할 필요성이 현실적으로 있느냐 하는 문제와 과연 얼마나 경제적인 극초음속기를 개발할 수 있느냐에 달려있다. 이 비행기의 실용화는 최소 2050년 이후가 될 것으로 예상하고 있다. 극초음속기 시대가 도래하면 인간의 생활패턴에도 많은 변화가 올 것이다. 지구의 자전속도가 적도를 기준으로 하면 시속 1,680km이지만, 수송기의 속도가 음속의 두 배인 초음속기만 되더라도 약 2,100km의 속도로 운항하게 되어 지구의 자전속도보다 빨리 비행하게 된다. 거기에다 시차까지 고려하면 비행하고 있는 초음속기는 태양을 추월하는 것으로 보인다. 로스앤젤레스에서 서울로 향하여 비행할 경우에는 시간은 점점 빨라져서 출발할 때 머리 위에 있던 태양이 동쪽으로 졌다가 조금 지나면 새벽이 되어 일단 진 해가 서쪽에서 다시 떠오르는 현상을 볼 수 있게 된다.

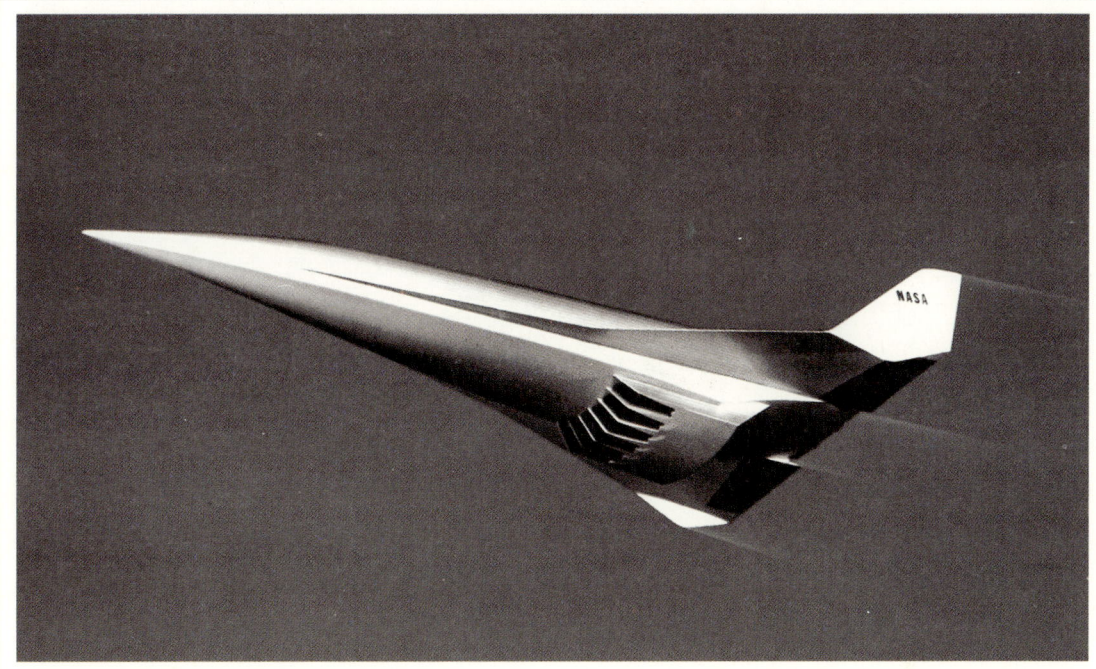

음속의 5-6배 속도로 비행하는 극초음속기의 상상도

다만 이러한 초음속기 시대나 극초음속기 시대에서 국가적으로 정책상 반드시 유념하여 사전에 대비해야 할 것은 초음속기를 수용할 수 있는 공항을 확보하지 못하고 있다면 앞으로 구성되는 초음속항공 노선 망에서 서울이 누락되고 한국은 지구촌의 시골이 되고 만다.

그밖에 21세기 후반에는 **우주항공기**(Space shuttle Craft :SSC)의 개발도 구상되고 있다. 로켓으로 추진하여 마하 8~12의 속도로 250명 정도의 승객을 태우고 항속거리가 1만 3천km나 되는 수송기이다. 우주 항공기를 실현시키기 위해서는 여러 가지 새로운 기술이 필요하다. 예컨대 우주항공기가 대기권을 극초음속으로 비행하면 기체의 온도가 3,200℃까지 상승할 것으로 예상되기 때문에 이에 견딜 수 있는 새로운 구조재료의 개발이 필요하다. 우주항공기 개발의 핵심은 무중력으로 양력이 필요 없고 공기저항이 없어 약간의 추진력만 있으면 항행할 수 있는 대기권 밖에까지 수송기를 어떻게 올려놓느냐에 있다.

맺는 말

항공수송분야에 40년 가까이 종사하면서 모았던 각종 자료와 사진 그리고 항공우표를 정리하여 인류 최대의 모험이라 할 '비행기 이야기'를 엮어보았다. 오래 전부터 계획했었으나 이리저리 미루다가 이제야 끝냈다. 모험 이야기라고는 하지만, 역시 역사책이다 보니 독자들이 읽는 데 지루하지 않도록 많은 사진을 곁들였다. 사진 중에는 우리나라에서 처음으로 소개되는 사진들도 있다. 더욱이 그 동안 틈틈이 모았던 약 6천 가지의 항공우표 중에서 일부를 선정하여 소개했다.

우리나라는 현재 세계 10위권 내에 자리한 항공수송의 선진국인데도 제대로 된 항공박물관이 없고 몇몇 외국 번역서는 있지만, 우리나라에서 발간된 항공발달사를 다룬 책도 없다. 우리나라가 항공문화 면에서 후진성을 벗어나지 못하고 있는 것이다. 이 책의 출간에 앞서 2002년부터 사이버 항공박물관(www.greatsky.kr)을 만들어 현재 운영 중에 있다. 500장에 가까운 항공사진과 1,200장이 넘는 항공우표가 항공발달의 순으로 전시되고 있다. 돌이켜 보면 신화시대의 공상의 날개, 조인들의 인력비행, 기구, 비행선, 글라이더, 비행기에 이르기까지 항공의 역사는 매우 오래다. 그렇지만 지금처럼 하늘을 정복하여 새보다 더 빨리, 더 높이, 더 멀리 비행할 수 있게 된 것은 얼마 되지 않았다. 새를 모방하여 하늘을 날려고 했다가 이루지 못한 채 너무 많은 시간을 허비했기 때문이다. 기구를 이용하여 인간이 처음으로 하늘에 발을 들여놓은 것은 약 230년 전이다. 동력 비행기로 하늘을 자유롭게 비행할 수 있게 된 것은 불과 100년밖에 안 된다.

그런데도 짧은 기간에 비행기는 눈부신 진보를 거듭해 왔다. 다만 두 번의 세계대전을 통하여 항공기가 실용화되고 비약적으로 진보했다는 것이 유감스럽다. 이것이 인류문화의 모순인지는 모르겠다. 그렇다 하더라도 전쟁의 수단으로라도 항공기가 발달하지 않았다면, 태평양을 건너 미국을 가는 데 아직까지도 프로펠러기를 타고 중간에 서너 군데를 둘러서 30시간 이상 걸려 가고 있을지 모른다.

지금까지 개발된 비행기의 종류가 1만 종이 넘고 제조된 비행기의 대수가 군용기까지 포함하여 100만 대가 넘는다. 그 중에는 제2차 세계대전 때 사용된 군용기처럼 한 기종이 1만 대 이상 제조된 것도 있다. 놀라운 숫자이다. 인간이 하늘을 날기 위해 얼마나 많은 노력해 왔는지를 말해준다.

민간수송기를 중심으로 항공기의 발달과정을 보면 1910년대에 실용화된 항공기는 1920년대에 금속화, 1930년대에 근대화, 1940년대에 장거리화, 1950년대에 제트화, 1960년대에 대형화, 1970년대에 초음속화 1980년대에 디지털화, 1990년대 초장거리화, 2000년대에 초대형화가 이루어졌다. 민간수송기는 10년 주기로 항공기술의 진보와 혁신이 이루어져 새로운 항공기가 등장했다. 군용기는 민간수송기보다 진보의 속도가 10년 더 앞서 왔다. 비행기는 빠른 것이 특성이지만, 비행기의 발달 속도도 비행기만큼 빨랐다. 비행기가 실용화된 1920년대와 대형·초음속화 된 2000년대를 비교해보면 속도는 약 10배, 항속거리는 약 11배, 비행고도는 약 9.5배가 향상되었다. 수송능력은 약 30배가 증대되었다. 비행기의 성능뿐만 아니라 안전성, 신뢰성, 쾌적성, 경제성 등도 크게 개선되었다. 그렇다고 해서 현재 운항 중인 민간 수송기는 기술적으로 더 개선의 여지가 전혀 없냐 하면 그렇지는 않다. '소리의 벽'과 '열의 벽'을 돌파하여 초음속으로 비행할 수 있게 되었고 지구의 반 바퀴 넘는 먼 거리까지 직행할 수 있게 되었다. 그러나 아직도 안전에 관한 '불신의 벽'과 '공해의 벽'은 완전히 극복하지 못하고 있다.

21세기가 되었다 해서 현재 운항 중인 항공기가 가까운 장래에 새로운 모양의 항공기로 바뀔 가능성은 없다. 20세기에 추구해 온 보다 대형화, 고속화, 장거리화 외에 21세기에는 연료를 더 절약할 수 있는 경제적이고 소음이나 환경오염이 줄어든 친환경적인 항공기의 개발이 예상된다. 그리고 지난 100년 동안에 항공의 비약적인 발달로 지구는 시간거리로 볼 때 30분의 1로 줄어들었다. 그런 지구가 21세기에는 다시 시간거리가 2분의 1로 줄어들어 현재의 하루 생활권이 반나절 생활권으로 바뀌게 될 것이다. 인류 최대의 모험 이야기를 집필하면서 과연 인류는 대기권의 정복에 그치지 않고 얼마나 걸릴지 모르지만, 결국 우주를 정복하고 말 것이라는 생각을 갖게 되었다. 인간은 참으로 위대한 존재이다.

이 책을 집필하는 데 많은 조언을 해준 이상우 전한림대학교 총장과 이 책의 출판을 기꺼이 해주신 기파랑의 안병훈 사장에게 깊이 감사를 드린다. 그리고 자료 정리에 애써주신 서강대학교

이한우박사, 편집을 맡아주신 북디자이너 김정환씨, 그리고 책 출판을 마지막까지 챙겨주신 기파랑의 조양욱 주간과 박은혜양에게 감사 드린다.

2010년 가을의 향기를 맡으면서
서울 화곡동에서

화운(禾耘) 이태원(李泰元)

항공발달사 연대표

875년		아랍인 아바스·이븐·피르나스, 인공날개로 비행 시도
1029년		메스버리 수도원의 수도사 에일머, 인공날개로 손발을 움직여 하늘을 비행하려다가 부상^(영국)
1505년		다 빈치가 날개치기 비행기계와 나사원리 이용한 헬리콥터 모형의 스케치 남김^(이탈리아)
1670년		가톨릭 신부 프란체스코 라나 데 테르지가 진공기구의 비행 가능성을 제창^(이탈리아)
1709년		리스본에 살던 브라질인 신부 구스망, 공중선 파사로라 비행실험 시도^(포르투갈)
1783년	6월 5일	몽골피에 형제, 최초로 열공기기구의 실험비행 성공^(프랑스)
	9월 19일	몽골피에 형제, 파리에서 열공기기구로 동물의 첫 비행 성공^(프랑스)
	11월 21일	몽골피에 형제, 열공기기구로 인류 최초의 유인 비행 성공^(프랑스)
	12월 1일	최초 수소기구 샤를리엘, 샤르르와 조수 로벨이 탑승하여 42.5km 비행^(프랑스)
1785년	1월 7일	브란샬과 미국인 제프리스 박사, 수소기구로 최초로 영불해협 횡단비행^(프랑스)
1799년		조지 케일리 경, 고정익의 공기보다 무거운 비행장치 착상^(영국)
1842년		헨슨, 최초로 고정날개를 가진 프로펠러 추진식의 모형 비행장치 '공중 증기차' 개발^(영국)
1846년	9월 2일	기구로 알프스 첫 횡단비행^(프랑스)
1848년		스트링펠로우, 증기기관을 탑재한 모형 비행기 제작하여 이륙에 성공^(영국)
1849년		케일리 경, 글라이더로 유인활공실험^(영국)
1852년	9월 24일	앙리 지파르, 조종 가능한 증기기관 비행선 개발, 27km를 시속 8km로 비행^(프랑스)
1871년		알폰스 페노, 고무줄 동력의 모형 비행기 프라노포의 비행실험에 성공^(프랑스)
1874년		필릭스 탐플 형제, 견인식의 증기기관의 유인비행기 개발, 점프비행^(프랑스)
1875년		토마스 모이, 증기기관을 사용한 모형 비행기항공 증기선 개발^(영국)
1884년		모자이스키, 증기기관 동력 비행기 개발, 30m 점프비행^(러시아)
	8월 9일	그렙스와 르나드, 8마력 전기모터 연식 비행선 라 프랑스호 개발^(프랑스)
1890년	9월 23일	보불 전쟁에서 프로이센군에 포위된 파리에서 기구로 사람과 우편물 운반^(프랑스)
	10월 9일	클레망 아델, 증기기관 단엽기 에올 개발. 지상 활주시험 중 점프비행^(프랑스)
1891년		릴리엔탈 형제, 복엽 글라이더로 첫 활공실험에 성공. 총 2,000회 비행^(독일)
1894년		막심, 고정익의 대형증기비행기 개발, 비행실험 중 부상^(영국)
1896년	6월 22일	옥타브 샤누트, 직접 개발한 글라이더로 약 700회 활공실험^(미국)
1897년	10월 14일	클레망 아델, 고정익의 증기비행기 아비온으로 활주실험 중 점프비행^(프랑스)

1900~1910년대

1900년	7월 2일	체펠린, 경식 비행선 LZ-1호 개발, 첫 비행 성공 (독일)
1901년	10월 19일	뒤몽, 가솔린 엔진 비행선 14척 개발, 6호 비행선으로 에펠탑 일주비행 성공 (프랑스)
1902년	9월	라이트 형제, 제3호 글라이더로 선회비행 성공 (미국)
1903년	12월 8일	랭글리, 워싱턴의 포토마크강에서 유인기 에어로드롬의 비행실험 실패 (미국)
	12월 17일	라이트 형제, 고정익 동력 비행기 플라이어 개발, 인류 최초 동력비행 성공 (미국)
1906년	9월 13일	뒤몽, 상자모양의 동력 비행기 '14 비스' 개발. 유럽 최초의 동력 비행 (프랑스)
1907년	11월 13일	폴 코르뉴, 헬리콥터 개발, 첫 비행에 성공 (프랑스)
1908년	1월 13일	앙리 파르망, 보아상파르망 복엽기로 유럽 최초로 주유비행 (프랑스)
	5월 14일	찰스 W. 퍼나스, 윌버 라이트가 조종하는 비행기에 동승. 인류 최초의 승객 (미국)
	6월 21일	커티스, 수상기 '준 버그'로 비행에 성공 (미국)
1909년	7월 25일	불레리오 11형 단엽기로 영불해협 횡단비행 성공 (프랑스)
	8월 22일	제1회 랭스 비행대회 개최, 세계 최초의 국제비행대회 (프랑스)
	10월 16일	세계 최초의 항공수송회사 DELAG 설립, 체펠린 비행선으로 수송 (독일)
1910년	3월 28일	앙리 파브르, 최초의 수상기 '르 카나르'로 수면에서 이수하는 데 성공 (프랑스)
	9월 23일	페루인 샤레즈, 블레리오 11형으로 고도 2,200m로 알프스 횡단비행 성공 (페루)
	2월 18일	아라하바드-나이리간 최초로 공식우편비행 (인도)
1912년	1월 10일	커티스, 최초의 비행정 개발, 첫 비행에 성공 (미국)
	9월 11일	제1회 파리 항공살롱 개최 (프랑스)
1913년	4월 16일	제1회 슈나이더 컵 수상기경기대회 모나코에서 개최 (프랑스)
	5월 13일	시콜스키, 최초 4발기 '그랜드호' 개발, 첫 비행 성공 (소련)
1914년	1월 1일	최초의 정기여객항공 개설, 베노이스트 14형 비행정으로 항공수송 (미국)
	8월 30일	다우베 단엽기, 파리 폭격 (독일)
1915년	1월 19일	3척의 체펠린 비행선, 런던 폭격 (독일)
	7월	포커사가 고정기관총의 프로펠러 동조발사장치 개발.
	12월 12일	최초의 전금속제 전투기 융커스 J-1 브레헤셀 개발, 첫 비행 성공 (독일)
1917년	11월 21일	체펠린 비행선 L-59, 유럽-아프리카 횡단 비행 (독일)
1918년	3월 20일	세계 최초의 정기국제우편수송이 윈-키에프 간에 개시 (오스트리아)

	5월 15일	미국 최초의 항공우편사업 개시 커티스 JN-4복엽기 사용(미국)
1919년	5월 8일	미 해군의 커티스 NC-4 비행정, 중간 기착하면서 대서양 횡단비행 성공(미국)
	6월 2일	스콧트 소령 일행 30명, 비행선 R-34로 대서양 왕복 횡단비행에 성공(영국)
	6월 14일	존 알콕과 아서 브라운, 비커스 비미로 최초 북대서양 무착륙 횡단비행 성공(영국)
	7월	최초의 전금속제 여객기 융커스 F-13 개발, 첫 비행에 성공(독일)
	11월 12일	키스와 로스 스미스 형제, 비커스 비미로 영국-오스트랄리아 간 장거리 비행 성공(호주)

1920~1930년대

1920년	1월-5월	카프로니 3발 복엽기 3대와 안살도 즈바 단발 복엽기 5대로 로마-동경 간 비행(이탈리아)
1923년	1월 9일	쉐르바, 오토 자이로의 첫 비행 성공(스페인)
1924년		미 해군이 2대의 더글러스 월드 크루저 DWT로 세계 일주비행에 성공(미국)
1926년	5월	리차드 바드, 포커 FVIIb/3M으로 슈핏츠벨겐 출발, 최초의 북극상공 비행
	5월 11일	로알드 아문젠, 비행선 노르게호로 슈핏츠벨겐 출발, 12일 북극상공 통과(노르웨이)
1927년	5월 20일	찰스 린드버그, 뉴욕-파리 간 최초의 대서양 단독무착비행 성공. 33시간 50분 소요(미국)
1928년		최초로 시속 500km 돌파, 마키 MC-52형 수상기, 시속 512km 세계기록 수립(이탈리아)
1929년	8월 8일	휴고 에케너 LZ-127 체펠린 백작호로 세계일주(독일)
1930년		TWA, 뉴욕-로스앤젤레스 간 최초로 대륙횡단 여객수송 개시(미국)
	3월	메르모즈, 라테코에르-28수상기로 남대서양 횡단비행
1931년		최초로 시속 600km돌파. 슈퍼마린 S6B 수상기로 시속 655km 세계기록 수립(영국)
	5월 27일	스위스인 피카르, 기구로 처음으로 성층권 15,781m까지 상승(스위스)
	10월 4일	팡본과 휴 헌던, 단발단엽기 미스 비돌로 일본-미국 간의 북태평양 횡단비행에 성공(미국)
1934년		최초로 시속 700km 돌파. 마키 MC-72 수상기로 시속 709km의 세계신기록 수립(이탈리아)
1935년	5월 18일	팬 아메리칸항공, 마틴의 M-130 비행정으로 샌프란시스코-마닐라 간 태평양횡단(미국)
	12월 17일	더글러스 DC-3 수송기 첫 비행(미국)
1937년	5월 7일	LZ-129 힌덴브르크호, 대서양을 횡단 후 레이크허스트 착륙 중 공중폭발
1939년	8월 25일	최초의 제트전투기, 하인켈 He178 첫 비행(독일)

1940~1950년대

1940년	5월 13일	근대 헬리콥터 원조인 시콜스키 VS300 첫 비행(미국)
	7월 2일	최초의 여압실을 갖춘 여객기 보잉 B-307형 취항(미국)
	10월 26일	노스 아메리칸 P-51 첫 비행(미국)
1941년	1월 9일	아브로 랭캐스터 폭격기 첫 비행(영국)
	3월 30일	최초의 제트 전투기 하인켈 He-280V 첫 비행(독일)
	4월	최초의 로케트 전투기, 메서슈미트 Me-163 첫 비행(독일)
1942년	7월 18일	최초의 실용 제트기. 메서슈미트 Me-262 첫 비행(독일)
	9월 12일	최초의 여압실 갖춘 고고도 폭격기 보잉 B-29 첫 비행(미국)
1943년	3월 5일	제트전투기 글로스터 미티어 MK-III 첫 비행(영국)
1944년	12월 6일	하인켈의 제트전투기 He-162 첫 비행(독일)
1945년	4월 19일	국제민간항공운송협회(IATA) 설립. 25개국 41개 항공사 참여
1947년	4월 4일	국제민간항공기구(ICAO) 설립
	6월	팬 아메리칸 항공의 록히드 L-749로 태평양 정기항공노선 첫 취항(미국)
	10월 1일	노스 아메리칸의 제트전투기 P-86 세이버 첫 비행(미국)
	10월 14일	찰스 이거, 벨 X1 로켓기로 최초로 음속 돌파(미국)
	12월 17일	보잉 B-47 스트래토젯 후퇴각 폭격기 첫 비행(미국)
	12월 30일	미코얀 MIG-15 전투기 첫 비행(소련)
1948년	1월 15일	최초의 터보프롭 수송기 빅커스 바이카운트 V-630, 첫 비행(영국)
1949년	7월 27일	최초의 제트여객기 데 하빌란드의 코멧 1형 첫 비행성공(영국)
1950년	1월 17일	MIG-17 첫 비행(소련)
1952년	4월 15일	전략폭격기 보잉 B-52 스트래토포트리스 첫 비행(미국)
	5월 2일	최초의 제트수송기 코멧 1형, 런던-요한네스버그 첫 취항(영국)
1953년	4월 18일	비커스 바이카운트 V-701형 터보프롭기, 첫 취항(영국)
	12월 12일	벨 X-1A 로켓기로 시속 2,650m(마하 2.5)로 비행. 세계기록 수립(미국)
1954년	1월 10일	BOAC의 제트수송기 코멧, 동체피로로 공중폭발로 운항 중단(영국)
	3월 4일	록히드 F-104 스타파이터 첫 비행(미국)
	7월 15일	보잉의 B-707 제트수송기 첫 비행(미국)

1955년　10월 22일　리퍼블릭의 초음속 제트전투기 F-105 선더치프, 첫 비행(미국)

1956년　2월 17일　세계 최초의 초음속 전투기 록히드 F-104 스타파이터 첫 비행

　　　　5월 24일　소련 최초의 제트수송기 Tu-104, 정기항로 첫 취항(소련)

　　　　11월 11일　최초의 마하 2급 초음속 전략폭격기 컨베어 XB-58 허스러 첫 비행

　　　　11월 24일　포커 F-27 첫 비행(네덜란드)

1956년　　　　　　컨베어 F-106 첫 비행(미국)

1958년　10월 4일　BOAC의 코멧 4형, 런던-뉴욕 정기항공에 첫 취항(영국)

　　　　10월 24일　팬 아메리칸의 보잉 B-707 제트여객기, 최초로 대서양노선 첫 취항(미국)

1959년　9월　더글러스의 DC-8 제트 여객기 첫 취항

1960~1970년대

1960년　　　　　　세계 최초의 수직이착륙기 호커 시들리 해리어 첫 비행(영국)

1962년　8월 30일　YS-11 터보프롭 여객기 첫 비행(일본)

1963년　　　　　　록히드 C-141 스타리프터 첫 비행(미국)

1964년　11월 4일　호커 시들리의 트라이덴트 제트수송기 최초로 자동착륙 성공(영국)

1964년　　　　　　제너럴 다이나믹스의 F-111 애드바크 전투폭격기 첫 비행(미국)

1964년　12월 11일　록히드 SR-71 전략정찰기 첫 비행(미국)

1967년　10월3일　벨의 X-15, 시속 7,296km 속도(마하 6.72)로 비행 세계신기록 수립(미국)

1968년　12월 31일　초음속 여객기 투보레프 Tu-144 첫 비행(소련)

1969년　7월 20일　아폴로 11호 달에 착륙(미국)

　　　　2월 9일　보잉의 B-747 점보제트기 첫 비행(미국)

　　　　3월 2일　영불공동개발 초음속여객기 콩코드 첫 비행 성공(영국, 프랑스)

1970년　1월 22일　팬 아메리칸 항공의 B-747 점보제트기 뉴욕-런던 취항(미국)

1972년　7월 27일　맥도널 더글러스 F-15 이글 첫 비행(미국)

1974년　9월 1일　럭히드 SR-71 전략정찰. 뉴욕-런던 간 1시간 55분 42초 비행. 세계신기록 수립(미국)

　　　　2월 2일　제너럴 다이나믹스 F-16 파이팅 팰컨 첫 비행(미국)

1975년　　　　　　수호이 Su-25 첫 비행(소련)

1976년	1월 21일	초음속여객기 영국항공의 런던-바레인, 프랑스항공의 파리-리우데자네이로 첫 취항(영국-프랑스)
1977년	5월 20일	수호이 Su-27 첫 비행(소련)
	10월 6일	미코얀 Mig-29 첫 비행(소련)
	11월 22일	콩코드 대서양 정기노선에 첫 취항. 비행시간 3시간 30분(영국-프랑스)
1978년	3월 10일	미라주 2000 첫 비행(프랑스)
	11월 18일	맥도널 더글러스 F/A-18 호넷 첫 비행(미국)

1980~1990년대

1980년	7월	록히드 스텔스 공격기 F-117 첫 비행(미국)
1980년		스페이스 셔틀 첫 비행(미국)
1986년	1월	다소 라파엘 첫 비행(프랑스)
	1월 28일	스페이스셔틀 챌린저호 발사 직후 폭발, 승원 2명 전원 사망(미국)
1989년	7월 17일	노스롭 그루먼 B-2 스텔스폭격기 첫 비행(미국)
1990년	9월 29일	록히드·마틴 F/A-22 랩터 첫 비행(미국)
1997년		보잉 B-777-300 여객기 첫 취항(미국)

2000년대 이후

2000년	7월 25일	콩코드 파리에서 이륙 직후 화재로 추락, 113명 사망(프랑스)
2001년	4월	무인기 RQ-4, 미국 에드워드 공군기지에서 오스트레일리아까지 무인비행(미국)
2001년	9월 11일	동시다발 테러 발생. 여객기 2기 뉴욕의 세계무역센터 빌딩 격돌(미국)
2003년	2월 1일	스페이스 셔틀 콜롬비아호 대기권에 재돌입 중에 공중분해 사고 발생(미국)
2003년	11월 26일	콩코드 초음속 여객기 최후 비행(프랑스)
2004년	11월 16일	NASA의 X-43(소형무인실험기), 시속 112,144km(마하 9.8)로 비행, 세계기록(미국)
2005년	4월 27일	에어버스 A-380 첫 비행(프랑스)
2007년	10월 25일	A-380 정기노선에 첫 취항(싱가포르)

색인

ㄱ

가가린 041

강베타 047

경식 비행선 056, 058, 059, 060, 062

고다 G Ⅳ 124

고무줄 동력 비행기 088

고정날개 066, 068, 078

고정날개 비행이론 066

골든 베넷 컵 비행대회 113

공상비행 004, 013, 020

공상의 날개 224

공중마차 022

공중 비행론 067

공중 증기차 074, 075

구레빗치 177

구스망 039

그루먼 183

   A-6 인트루더 180

   F6F 헬캣 162

   F-14 톰캣 183

극초음속기 222, 223

글라이더 005, 013, 064, 065, 068, 069, 070, 071, 072, 073, 089, 090, 091, 094, 224

글로스터 미티어 MK-Ⅲ 231

기구 011, 013, 036, 039, 041, 043, 046, 047, 048, 049, 097, 103, 224

ㄴ

나사 모양의 헬리콥터 034

날개 차 022

날개치기 비행장치 033, 034

노스롭 233

   F-89 스콜피온 178

노스아메리칸

   F-86 세이버 177

   F-100 슈퍼세이버 178

노스트라다무스 021

뉴포르 17 119, 124

니케 상 017

ㄷ

다르트넬 106

다를랑드 042

다미안 029

다이달로스 018, 022

단티 029

더글러스 139, 152, 153, 183, 196

   DC-1 137

   DC-2 135, 136

   DC-3 137

   DC-4 138, 139

   DC-6B 190

   DC-7 191

   DC-8 196

   DC-9 197

   DC-10 202

DST 137, 138

도르니에 독스 140, 142, 198, 199

도르니에 월 142

돌고래 비행선 052

돌핀 052

뒤몽 054, 094, 095

　　14비스 095, 096, 097

　　뒤몽 비행선 054

　　드모아젤 097

드프레뒤생 103, 110

드 하빌란드

　　DH-4 124

　　DH-98 모스키토 162

ㄹ

라이안 NYP 154

라이트 012, 027, 064, 066, 070, 071, 073, 077, 080, 081, 082, 083, 084, 085, 086, 087, 088, 089, 090, 091, 092, 093, 094, 095, 096, 097, 098, 099, 101, 102, 106, 112, 126, 128, 154, 168, 202, 208

　　라이트 A형 093

　　플라이어 1호 005, 084, 092, 208

라이트 형제 087

레녹스 052

레빈 157

레오나르도 다 빈치 032

로벨 045

로숀 114

로얄 118, 124

　　B.E.2 124

　　S.E.5 124

로저스 147

로제 042

루소 022

르 카나드 108

리드 148

리퍼블릭 178

　　F-84 선더젯 178

　　F-105 선더치프 178

　　P-47 선더볼트 162

린드버그 127, 154, 156, 210

릴리엔탈 012, 027, 066, 070, 071

ㅁ

마크레디 150

마틴-130 비행정 144

맥도널 더글러스 183

　　F-4 팬텀 180, 181

　　F-15 이글 183

　　F/A-18 호넷 185

　　MD-11 204

　　MD-90 204

메서슈미트 162, 168

　　Me-163 코멧 171

　　Me-262 168, 169, 170

모노코크 구조 125

모란느 솔니에 L형 124

몽골피에 가스 044

몽골피에 형제 038
미그 176, 177, 179
    Mig-9 파고 177
미슈렝 컵 쟁탈 비행대회 113
미스 비돌 149
미스테르 179, 182
    미스테르-IV 179
미즈비시
    G4M2 163
미코얀 177

ㅂ

바드 151
박크빌 029
베넷 컵 비행대회 113
베스니엘 029
벨 XS-1 로켓기 208, 209
벨레로폰 016
보렐리 023, 035
보롤리 029
보아상 027, 102, 104
    파르망 1형 104
    표준형 103, 104
보잉 136, 139, 164, 197, 206
    AH-64 아파치 185
    B-52 스트래토포트리스 178
    B-247 136
    B-314 144, 145
    B-707 196, 208

    B-727 197
    B-737 197
    B-747 199, 202, 203, 204
    B-747F 217
    B-767 204, 206
    B-777 204
브라운 148
브란샬 048
브란샬식 기구 048
브레게 124, 149
브레게-14 124
브레게-19 149
브리스톨 124, 193
    F2B 파이터 124
    브리타니야 193
블라듀드 020
블랙번 버커니어 180
블레리오 102, 106, 112, 128, 146, 154
블레리오 11 106, 146
비커스 124, 130, 148, 149, 150
비행기 차 115
비행선 004, 011, 012, 013, 039, 050, 051, 052, 053, 054, 055, 056, 057, 058, 059, 060, 096, 097, 123, 151, 217, 224
비행정 006, 129, 140, 141, 142, 144, 148, 150, 198, 200, 201

ㅅ

사이언티픽 아메리칸 트로피 098

샘슨 2A2 124
샤누트 066, 072, 073
샤를 044, 053
세네치오 029
소리의 벽 209, 226
쇼트 엠파이어 142, 144
수드 카라벨 196
수상기 098, 099, 101, 102, 108, 147
수소기구 044, 048, 049
수직이착륙기 219
수호이 180, 185
   Su-25 232
   Su-27 이글루스 180
슈나이더 컵수상기 비행대회 113
슈퍼마린 스핏파이어 160, 162, 167
스파드 S. VII 121, 124
스팬로더기 217
스프루스 그즈 200, 201
시콜스키 111, 128, 142, 144, 199
   S-40 142, 144
   신 다이달로스 022
   이리아 무로메트 111

◎

아문젠 142
아브로 랭커스터 163
아브로 복엽기 103
악마의 기계 004, 032, 033
악마의 날개 019

알슈테크 095, 096
알콕 148
알폰스 페노 066, 077, 080
암스트롱 154
액체수소 수송기 220
에드리히 리무진 128
에어로드롬 A 081
에어버스 233
   A-300 203
   A-320 204
   A-330 204
   A-340 204, 205
   A-380 207
에올 079, 094
연 004, 011, 012, 024, 026, 027, 028, 088, 210
연 마차 026, 027
연식 비행선 228
열의 벽 209, 226
영불해협 횡단비행 112
오니숍터 034
오딘 017
오빌 라이트 082, 084
오토 066, 070, 080, 089, 094
와이즈 049
우주항공기 223
윌버 라이트 082, 084
윌킨스 022
융커스 124, 132, 133, 138, 163, 166, 167
   F-13 132, 133

J-1 블레헤셀 124
Ju-87 167
이글 052, 183
이카로스 018
인력비행 004, 028, 031, 032, 224

ㅈ

전익기 214, 216
점프비행 080
제너럴 다이나믹스 180
    F-16 180, 185
    F-111 187
제트엔진 171
제프리스 048
조인 011, 028
증기 엔진 비행선 052, 053
지파르 052
진공비행선 023

ㅊ

차이나 클리퍼 144
천사의 날개 019
체펠린 004, 056, 058, 060, 062, 063, 123, 128, 152
    백작호 060
    힌덴부르크호 061, 062
쳄벌린 157
초거인기 007, 214, 216
초고속기 214
초음속기 181, 211, 213, 218, 219, 223

제2세대 초음속기 213
최초의 유인비행 004, 012, 042
충격파 209

ㅋ

카우스 020
카프로니 150
캐번디시 044
커티스 098, 099, 100, 101, 102, 108, 148
    골드 버그 099
    골든 플라이어 099
    룬 098
    수상기 A-1 101
    준 버그 098, 099
    허드슨 플라이어호 100
케일리 005, 012, 027, 052, 066, 068, 069, 070, 071, 074, 078, 080, 082, 084, 172
    모형 글라이더 068
    올드 플라이 068
코스테 149
크레브스 053

ㅌ

탐플 078
토마스 모이 076
투폴레프 210
    Tu-104 196
    Tu-144 210

ㅍ

파르망 102, 103, 104, 124, 130, 131, 138
    F-60 골리아드 124
    F-80 138, 169, 177, 179
파브르 108
파사로라 039
퍼나스 126, 128
포드 트라이 모터 135
포스트 152
포커 120, 124, 125, 132, 133, 135, 138, 151, 193
    Dr I 124
    D VIII 124
    E I 125
    E III 120, 124
    F-2 133
    F-7 128, 132
    F-27 프랜드쉽 193
    F-36 138
    F-100 175, 178, 204
포케 불프 162
    포케 울프 173
포콕 026
풍동 091, 093
프란틀 091
플라잉 푸렛베드기 217
피르나스 029
필릭스 078
필립스 114, 115
필쳐 073

ㅎ

하그레브 072, 095
하늘 마차 068
하늘 배 038
하인켈 163, 168
    He-111 163, 164, 167
    He-177 163
    He-178 168
항공 르네상스 시대 102
항공 증기선 076
항공증기선 076
핸들리 페이지 124, 125, 163
    HP-42 138
    V-1500 124, 125
    하리팩스 163
허드슨 100
헌던 150
헨슨 066, 074, 078, 080
헬리콥터 033, 034, 035, 068, 069, 172, 173, 185
호커 시들리 180, 193
    HS-748 193
    블랙번 버커니어 180
    해리어 232
    허리케인 162, 167
혼합익기 216
휴즈 200

비행기 이야기

초판 1쇄 발행일 2010년 11월 23일
초판 11쇄 인쇄일 2018년 1월 15일

지은이 | 이태원
펴낸이 | 안병훈
북디자인 | 김정환

펴낸곳 | 도서출판 기파랑
등록 | 2004년 12월 27일 제300-2004-204호
주소 | 서울시 종로구 대학로8가길56(동숭빌딩) 301호
전화 | 02-763-8996(편집부) 02-3288-0077(영업마케팅부)
팩스 | 02-763-8936
이메일 | info@guiparang.com

ISBN 978-89-6523-991-8 03900
ⓒ Lee, Tea Won, 2010, 기파랑, Printed in Korea